施工现场处理系列

建筑施工问题快速处理

张汤勇 ◎ 编著

JIANZHU SHIGONG WENTI

KUAISU CHULI

海峡出版发行集团
THE STRAITS PUBLISHING & DISTRIBUTING GROUP
福建科学技术出版社
FUJIAN SCIENCE & TECHNOLOGY PUBLISHING HOUSE

图书在版编目（CIP）数据

建筑施工问题快速处理/张汤勇编著.—福州：
福建科学技术出版社,2019.6
　（施工现场处理系列）
　ISBN 978-7-5335-5824-6

　Ⅰ.①建… Ⅱ.①张… Ⅲ.①建筑工程－工程施工－
安全技术－基本知识 Ⅳ.①TU714

中国版本图书馆CIP数据核字（2019）第043855号

书　　名　建筑施工问题快速处理
　　　　　施工现场处理系列
编　　著　张汤勇
出版发行　福建科学技术出版社
社　　址　福州市东水路76号（邮编350001）
网　　址　www.fjstp.com
经　　销　福建新华发行（集团）有限责任公司
印　　刷　福州华彩印务有限公司
开　　本　700毫米×1000毫米　1/16
印　　张　14.25
插　　页　20
字　　数　220千字
版　　次　2019年6月第1版
印　　次　2019年6月第1次印刷
书　　号　ISBN 978-7-5335-5824-6
定　　价　49.80元

前　言

一直以来，建筑工程领域都以专业性、强制性的实施要求与"伴随左右"的各种质量事故而受到人们的关注。工程建设关系国计民生，每一个工程项目的开工建设，其工程质量都受到各方面的关注，所以国家与各级行业主管部门都制定了大量的标准、规范来进行强制性的约束。但是，作为一个劳动密集型产业，在每个建设工地，都有着大量自身水平并不高的纯劳务人员，他们往往对于专家、学者总结出来的理论知识很难理解。即使是经受过多年教育的大学生，初下施工现场，也很难将平时所学的理论知识与现场实际很好地结合起来。况且对于资金密集型的行业，总会有那么一部分人出于贪婪，不按照规范要求进行施工。以上各种因素汇集起来，就导致了工程行业各种质量问题辈出，这些问题的发生不排除有客观因素的存在，但在更大程度上主要还是由于"人为"因素导致的。

作为大多数都是不可逆的操作的现场施工来说，出现了问题并不是可怕，可怕的是不管不顾、盲目处理或者根本就是"瞒天过海"，以图得一时过关。殊不知这会给整个工程带来不可挽回的质量安全隐患。

考虑到现场施工是一个集理论与实际经验于一体的实操行业，本套"建筑工程施工现场细节处理系列"以更为直观、实用的方式来表述：来自于现场一线的质量问题照片带出问题，施工一线的专家对此问题进行分析，找出原因，并给出具有很强操作性的解决方案和预防措施。它能让读者非常直观地了解容易出现的质量问题及其严重程度，以及应该有怎样的对应处理方案；更重要的是，让他们知道在实际施工过程中，应该如何避免这类问题的发生，从而尽快提高自己的现场经验储备，保障工程建设既快又好地进行。

由于本套书强调来自实际施工现场，并且分析、处理建议也都是实际经验总结，加上工程建设中不尽相同的背景因素如地域、季节、材料等会影响到具体问题的处理，因此请广大读者在参考进行实际施工指导时，应具体问题具体分析，谨慎行事。

目　录

第一章　基础工程

1.回填土方导致结构破坏

错误：不规范施工导致建筑物结构的破坏。

原因及解决方案：野蛮施工造成的恶劣后果，在梁强度还没有达到要求就使用重型机械开始回填，导致结构破坏。根据机械回填土的施工工艺标准，在施工中应该注意以下几个要求，才能避免上述质量事故的发生。

（1）填土前应对填方基底和已完工程进行检查和中间验收，合格后要做好隐蔽检查和验收手续。

（2）确定好土方机械、车辆的行走路线，应事先经过检查，必要时要进行加固加宽等准备工作。同时要编好施工方案。

（3）施工时，对定位标准桩、轴线控制极、标准水准点及龙门板等，填运土方时不得碰撞，也不得在龙门板上休息。并应定期复测检查这些标准桩点是否正确。

（4）夜间施工时，应合理安排施工顺序，要有足够的照明设施。防止铺填超厚，严禁用汽车直接将土倒入基坑（槽）内。但大型地坪不受限制。

（5）基础或管沟的现浇混凝土应达到一定强度，不致因回填土而受破坏时，方可回填土方。

2.回填土的质量问题

错误： 回填土的质量太差，有的甚至回填土埋的全是垃圾，如此施工容易造成土方下沉，拉裂地面。

原因及解决方案： 回填土常常不引起施工单位的重视，普遍的问题是：分层过厚；夯实遍数不够，尤其边、角部位；土内含有杂物、垃圾等问题。

在进行土方回填施工时，一定要严格按以下要求把控回填土的质量。

（1）宜优先选用基槽中挖出的土，但不得含有有机杂质。使用前应过筛，其粒径不大于50mm，含水率应符合规定。

（2）石屑，不应含有有机杂质。

（3）填土材料如果没有设计要求，应符合下列规定。

1）碎石、砂土（使用细、粉砂时应取得设计单位同意，并办好签证手续）和爆破石碴，可作为表层以下的填料。

2）含水量符合压实要求的黏性土，可作为各层的填料。

3）碎块草皮和有机含量大于8%的黏性土，仅能用于无压实要求的填料。

4）淤泥和淤泥质土一般不能用作填料，但在软土或沼泽地区，经处理后含水率符合压实要求的，可用于填方中的次要部位。

5）含有机质的生活垃圾土、流动状态的泥炭土和有机质含量大于8%的黏性土等，不得用作填方材料。

3.土方不及时回填，或回填不到位

错误：土方回填不及时，导致基础长期被雨水浸泡；土方回填不到位，导致基础积水。

原因及解决方案：在雨季施工时，现场施工管理人员未掌握好回填时间，导致基坑土方回填滞后；虽然回填了土方，但是由于回填不到位，导致基础积水。

（1）在雨季施工时，基坑（槽）或管沟的回填土应连续进行，尽快完成。施工中注意雨情，雨前应及时夯实已填土层或将表面压光，并做成一定坡度，以利排除雨水。

（2）施工前，应做好水平标志，以控制回填土的高度或厚度，如在基坑（槽）或管沟边坡上，每隔3m钉上水平标识，室内和散水的边墙上弹上水平线或在地坪上钉上标高控制木桩。

（3）填土前应将基坑（槽）底或地坪上的垃圾等杂物清理干净，基槽回填前，必须清理到基础底面标高，将回落的松散垃圾、砂浆、石子等杂物清除干净。

（4）回填土应分层铺摊。每层铺土厚度应根据土质、密实度要求和机具性能确定。一般蛙式打夯机每层铺土厚度为200~250mm；人工打夯不大于200mm。每层铺摊后，随之耙平。

（5）基坑（槽）回填应在相对两侧或四周同时进行。基础墙两侧标高不可相差太多，以免形成不均匀荷载；较长的管沟墙，应采用内部加支撑的措施，然后在外侧回填土方。

（6）回填土每层填土夯实后，应按规定进行环刀取样，测出干土的质量密度，达到要求后，再进行上一层的铺土。

（7）修整找平：填土全部完成后，应进行表面拉线找平，凡超过标准高层的地方，及时依线铲平，凡低于标准高层的地方应补土夯实。

4.基土未处理好，散水下沉

错误：回填土方基础未处理好，导致散水下沉，从而让业主对工程质量产生怀疑。

原因及解决方案：基础回填土没有按规范要求分层夯实，过一段时间后，回填土下沉，引起散水裂缝；做散水前，散水基层内的垃圾没有清理干净，基土夯击不密实，基层下沉，引起散水裂缝。

回填土质量的好坏直接影响到散水的质量。基础回填土应分层夯实，不得用含有垃圾等杂物的土作回填土，回填土干密实度不得小于1.60g/cm³。

散水一般是在室外抹灰结束后才施工的。散水施工时，应将散水部位的建筑垃圾清理干净，按设计标高将基础素土用蛙式打夯机均匀夯实。

5.基坑土钉锚固问题

错误：土钉未灌实；土钉端部仅锚固未加弯钩；土钉钢筋绑扎丢扣；脚手架搭设很不规矩。

原因及解决方案：对土钉锚固施工掌握不够，细节要点控制得不好，同时现场管理较为混乱。应了解土钉锚固施工要求，并严格按要求进行施工。

（1）土钉锚固基本概念。

1）土钉是依靠其全长与土体的摩阻力，用来加固或锚固现场土体的细长杆件。可采取先在土层中钻孔，后置入钢筋、再全孔注浆的方法制成。亦可采用将钢管、角钢直接击入土中，再注浆的方法制成。

2）土钉墙适用于地下水位以上或经人工降低地下水位后的人工填土、黏性土和弱胶结砂土的基坑支护或边坡加固。土钉墙宜用于深度不大于12m的基坑支护或边坡加固，当土钉墙与有限放坡、预应力锚杆联合使用时，深度可增加；不宜用于含水丰富的粉细砂层、砂砾卵石层和淤泥质土；不得用于没有自稳能力的淤泥和饱和软弱土层。

（2）土钉墙的构造要求。土钉墙墙面坡度不宜大于1：0.1；土钉的长度为开挖深度的0.5~1.2倍，间距宜为1~2m，与水平面夹角宜为5°~20°；土钉钢筋宜采用HRB335、HRB400级钢筋，钢筋直径宜为16~32mm，钻孔直径宜为70~120mm；土钉必须和面层有效连接，应设置承压板或加强钢筋等构造措施，承压板或加强钢筋应与土钉螺栓连接或钢筋焊接；喷射混凝土面层宜配置钢筋网，钢筋直径宜为6~10mm，间距宜为150~300mm，混凝土强度等级不宜低于C20，面层厚度不宜小于80mm，钢筋网片搭接长度应大于300mm；当地下水位高于基坑底面时，应采取降水措施或截水措施，坡顶应采用砂浆或混凝土护面，其宽度应不小于800mm，并高于地面，以防止地表水灌入基坑，坡脚应设排水沟和集水坑，坡面可根据具体情况设置泄水管。

（3）灌浆。灌浆是土层锚杆及土钉施工中的一道关键工艺，必须认真进行，并做好记录。

1）灌浆材料宜采用水泥浆或水泥砂浆，其强度等级不宜低于M10；当灌浆材料用水泥浆时，水灰比为0.4~0.5，为防止泌水、干缩，可掺加0.3%的木质素黄酸钙；当灌浆材料用水泥砂浆时，灰砂比为1：1或1：2（重量比），水灰比为0.38~0.45，砂用中砂并过筛。如需早强，可掺加水泥用量3%~5%的混凝土早强剂；水泥浆液试块的抗压强度应大于25MPa，塑性流动时间应在22秒以下，可用时间应为30~60分钟，整个灌浆过程应在5分钟内结束。

2）灌浆压力一般不得低于0.4MPa，也不宜大于2MPa；宜采用封闭式压力灌浆和二次压力灌浆，可有效提高锚杆抗拔力（20%左右）。

6.人工挖孔桩护壁问题

错误：就地取材，贪图便宜和省事。

原因及解决方案：虽然此办法在一定程度上能够起到保护桩壁的作用，但是防护力偏弱，相对容易发生安全事故。一般用浇筑混凝土或浆砌砖护壁，或

用钢套筒护壁。

在人工挖孔桩施工过程中，最为普遍的护壁即钢筋混凝土护壁。为保证护壁混凝土的整体性，护壁要严格按护壁大样图施工。护壁每节一般要求1000mm，采用钢定形模板，模板变形及时修正和加支护，确保桩护壁质量。混凝土护壁及挖孔井壁应结合牢固，必要时可打入长度1000mm的ϕ16钢筋，以防止护壁下滑。第一节孔圈护壁应比下面的护壁厚50mm并应高出现场地面200mm左右，便于挡水和定位。上下护壁间的搭接长度不得少于50mm，护壁施工采取一节组合式钢模板拼装而成，拆上节，支下节，循环周转使用。模板间用U形卡连接，上下设两道6号槽钢圈顶紧，钢圈由两个半圆圈（直径2m以上用4块）组成，用螺栓连接，不另设支撑，以便浇灌混凝土和下一节挖土操作。护壁混凝土的内模拆除，根据气温等情况而定，一般可在24小时后进行，使混凝土有一定强度，以能挡土。在较软弱的土层内每节护壁的高度宜减少为500mm，视安全情况而定。当护壁的强度达到70%或以上时，才能继续开挖。

浇灌护壁混凝土时，用敲击模板及用竹和木棒插实方法。不得在桩孔水淹没模板的情况下灌注混凝土。根据土质情况，尽量使用速凝剂，使混凝土尽快达到设计强度要求，以便加快拆模速度。发现护壁有蜂窝、漏水现象，及时加以堵塞或导流，防止孔外水通过护壁流入孔内，保证护壁混凝土强度及安全。

当第一节护壁混凝土拆模后，即把轴线位置标定在护壁上，并用水准仪把相对水平标高标在第一圈的护壁内，作为控制桩孔位置和垂直度及确定桩的深度和桩顶标高的依据。

7.人工挖孔灌注桩混凝土强度不够

错误： 桩头无骨料，混凝土成半粉末状，强度低，用手都能抓得动，导致桩出现质量问题。整栋楼一共67根桩，有十几根这种情况，现在叫专业爆破的已经打到桩顶标高下2m多了，只有2~3cm的细骨料，现场监理不同意做动测试验。

原因及解决方案： 从现场图片来看，原因可能有以下几点：

（1）混凝土的配合比存在问题，是否是粉煤灰或者减水剂加得太多。

（2）窜筒长度不够，现场21m左右的桩长，窜筒长度只有7m左右。

（3）孔内有水而没有采取水下混凝土浇筑方法。

挖孔桩灌筑混凝土一般采用粒径商品混凝土，应根据钻孔所取得的地下水试料进行的水质分析结果，判断地下水对混凝土及钢筋混凝土中的钢筋是否具有腐蚀性，从而选择不同品质的商品混凝土。浇灌桩身混凝土，必须离混凝土面2m以内下落，不准在井口抛铲或倒车卸入，以免混凝土离析，影响混凝土整体强度。在浇灌混凝土过程中，注意防止地下水进入，不能有超过50mm厚的积水层，否则应设法把混凝土表面积水层用导管吸干才能浇灌混凝土，如渗水量过大（＞1m³/h）时，应按水下混凝土操作规程施工。桩芯混凝土应连续分层浇灌分层捣实，每层浇灌高度为80cm，第一次浇灌到扩底部位的顶面，随即振捣密实，再分层浇筑桩身，直至桩顶。为确保混凝土的质量，混凝土浇筑必须超过桩顶标高最少300mm，超出桩顶标高包含浮浆的混凝土，必须去掉并露出35d的钢筋锚固长度以保证桩与上部承台的良好连接。混凝土的振捣一定要注意上下层混凝土的交接部分，振动棒插至下层混凝土深度不小于50mm，以免破坏混凝土的初凝而影响质量。在灌注桩身混凝土时，相邻10m范围内的挖孔作业停止，并不得在孔底留人。当气温超过30°C时应根据具体情况对混凝土采取缓凝措施。挖孔桩应分层捣实，在混凝土初凝前抹压平整，避免出现塑性收缩裂缝或环向干缩裂缝。

8.人工挖孔灌注桩常见的质量缺陷

错误：灌注桩桩头钢筋的锚固长度不够；混凝土有蜂窝、缺角、气泡、裂缝。

原因及解决方案：成孔深度控制不够准确，灌注混凝土时，未掌握技术要点。

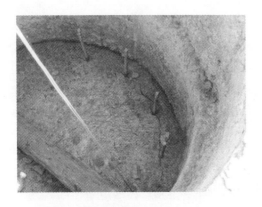

挖孔桩灌筑混凝土之前，应先放置钢筋笼，并再次测量和验收。混凝土灌注施工工艺要点同前所述。

9.混凝土灌注桩在成孔时塌孔

错误： 原有地质条件不好，在成孔过程中，对于护壁保护不够，导致塌孔。

原因及解决方案： 工地位置以前曾经是河道，所以表层5~6m都是砂层，而护筒高度也就2m左右，很容易造成塌孔。防止塌孔的办法就是把泥浆调稠，这样塌孔的几率就有所降低，但是泥浆也不能太稠，否则会导致混凝土不容易下落，从而造成混凝土空洞或者蜂窝，甚至断桩等隐患，影响钢筋混凝土灌注桩的质量。

现场既然有现成的两米护筒，应该把护筒用钢筋焊接起来，三个连接一起就有6m了，刚好达到含砂层。可以用大挖机压下去（不能用力拍），压一节焊一节，这种做法跟现场是什么样的地层有关系，地层不一样有可能很难压下去，如果有旋挖机的话可考虑现场用旋挖机把护筒旋挖压下去。另外，泥浆不好调的话，试试倒干水泥下去会更适合护壁。

10.泥浆处理池存在的问题

　　错误：这种泥浆处理池只是简单地采用一些微处理，也没有进行维护；场地乱，施工本身也不方便，护筒、导管的运输、吊机的移动都比较困难。

　　原因及解决方案：桩一半是最先开始干的，开工的时候管理人员到位不齐，而且急于开工策划不足，往往桩基行进线路和总平面布置考虑比较仓促，最后就会造成泥浆池随意乱挖，设备随意摆放，影响进度和现场文明施工。

　　冲孔桩（钻孔桩）的施工多数是这样的，施工方便，碎渣在流动过程中自然沉淀，只要泥浆的稀稠控制好了，孔底清渣是没有问题。很少有做泥浆池的，虽然这个费用不是很大，但施工很不方便，毕竟桩位都不是很集中的。做得好的是将循环池随机器走，沉淀池用砖砌（使用泥浆分离器），在最后清孔时交换好的泥浆到循环池，但这样做，沉淀池需要经常排渣、排泥浆，这个费用就很巨大了，如果合同里没有给这笔费用，施工单位一般是不会去做的（虽然像图中那样也会有泥浆外运，但工程量会相对较小），毕竟泥浆排放是件很麻烦的事情。

另外，在现场用混凝土砌筑方方正正的泥浆池，虽然在理论上可行，但实际施工的时候，这个可操作性不大，砌起来容易，但拆起来非常麻烦。如果场地条件不允许，池子都没有办法砌。大多数情况下，都是在现场选点开挖，放点膨润剂，最多就是布局稍微好点。

11.不合格桩的处理

错误：桩施工时，钢筋笼钢筋控制不好，出现偏差。

原因及解决方案：钢筋笼上部脱焊散乱到一起了；钢筋扭曲；箍筋脱落导致主筋偏位。

（1）补桩肯定不现实了，因为人防开挖了，桩机已下不去，即使下去了原桩也拔不出了，桩间距达不到规范要求（4d），否则会引起断桩。

（2）检测小应变桩没发现问题。

（3）留出桩锚固钢筋长度（少量整改）达到设计要求的45d。

（4）桩静载试验满足设计要求、桩位偏差在规范允许范围内，桩混凝土设计强度等级为C25，试块测试满足设计要求。

现场桩全部是抗压桩，人防是筏板基础，配合砂石级配、填土等手段抗浮。

设计单位给的初步意见是桩钢筋偏位，应破碎桩身混凝土，直到钢筋偏位点，然后校正钢筋笼，桩破去混凝土部分采用高一等级的混凝土重新支模浇灌。

但施工单位提出异议：①不知钢筋笼偏位点在什么地方，虽然按照经验应该在钢筋笼上部1/3处；②因为是淤泥质土，地下水位丰富，井下支护、排水等，操作都十分不便及危险，尤其是安全因素不能保证；③工期不允许，至少要一个月以上的时间，现在是人防施工的最佳时期。

建议解决方案：用小应变检测，如果合格，并且抽查比例的静载试验也合格，建议征求设计同意，不再加固。反之，采取补桩加固等措施。

如果是抗压桩，破桩至1m，均匀插筋间隙同原10根钢筋沿周长分布，采用高一强度等级的混凝土浇筑。抗拔桩比较难处理，可以分析一下问题桩多不多，在不在重要位置，不行的话只能按设计单位的意见进行处理。

12.断桩的处理

错误： 桩基施工过程中，出现断桩。

原因及解决方案： 在施工中，由于现场控制不严，施工不规范，导致出现断桩。PHC桩有以下特点：

高强度、高承载能力：PHC管桩混凝土配合比科学合理，采用超塑化剂离心成型工艺，经高压釜压蒸养护，使PHC管桩混凝土抗压强度大于80MPa。因此，PHC管桩具有高强度和极强的穿透能力，通过锤击和静压而获得较高的承载力。

高抗弯性能：PHC管桩选用高强度、低松弛预应力混凝土专用钢筋，抗拉强度大于1420MPa，使桩身具有较高的有效预应力，加之桩身混凝土强度高，因此具有较强的抗弯能力。

耐久性好：PHC管桩经离心工艺成型，高压蒸汽养护，混凝土强度高，密实性好，因此抗渗性和耐腐性强。

如果施工中断桩了，是可以实现接桩的，但要保证高抗弯性能，可以采用以下方法。

（1）确定桩身抗弯能力：PHC管桩的极限弯矩。

（2）接桩处的抗弯能力：采用焊接法接桩，接桩应分两层满焊，使接桩处的抗弯能力≥桩身抗弯能力。

（3）将桩接驳处的焊缝作为钢筋混凝土环形截面受弯构件的钢筋，计算出桩接驳处的近似抗弯能力，进行校核。

13.压桩过了，导致需接桩4m

错误：一根桩多压了4m，桩顶距离承台底4m，需开挖后接桩。

原因及解决方案：施工过程中，现场操作人员与技术人员监控不到位。

管桩分为静压、锤击两种工艺，欠送、超送都是非常正常的。控制沉桩的原则，对于静压桩，无外乎控制终压值、桩长而已；对于锤击桩，无外乎控制贯入度、桩长而已。对于摩擦桩，桩长控制即可，比较简单，容易配桩。而对于端承桩，或者摩擦端承桩，就必须依据终压值或者灌入度来控制沉桩了，因而会发生欠送（没到设计标高）、超送（超过设计标高）的现象。坚持不欠送，可能会因为终压值过大（超过桩身承载力）或者贯入度过小，导致桩身破坏；坚持不超送，桩身终压值偏小或者贯入度过大，会导致桩承载力特征值不符合设计要求。提前配桩、确定管桩长度，不太现实，最多只能依据地质报告大致走向，设计确定不同桩长，接桩主要有以下两种形式。

（1）在上桩下端和下桩上端预埋角钢或者钢板连接，连接焊缝长度不应少于250mm，焊缝厚度不应小于8mm，桩内预埋角钢或钢板应与纵向钢筋焊接，焊缝长度不应小于140mm，焊缝厚度不应小于6mm。

（2）对方型桩可采用硫黄水泥接桩，这种接桩构造简单，操作方便安装可靠，适用于软土层中的接桩；对一级建筑物或承受拔力的桩宜慎重考虑。做法：在下桩预留4个螺旋状锚筋孔，其孔径不宜小于锚筋直径的2.5倍，孔深比锚筋长30~50mm；在上桩底预埋4根直径$\phi 16~\phi 22$锚筋，锚筋伸入空内长度不小于$15d$，锚筋预埋在桩内长度不小于$3L_a$。为了使下桩不致因锤击损坏，可以在下桩顶部配置钢帽。接桩时先吊起上桩，垂直对准已打入的地下桩的下桩，使锚筋插入下桩预留孔内，保持上桩与下桩接触端的间距为250mm；然后浇注硫黄水泥浆，先孔内后桩顶面层（厚度为10~20mm）；缓慢放下上桩，使上下桩铰接，待其冷凝后即可继续打桩，硫黄胶泥浇注温度控制在140~145℃之间，灌注时间不得超过两分钟。

14.锯桩头野蛮施工造成损伤

错误：破坏桩头，导致桩的整体受力受损，并对一下道工序产生不利影响。

原因及解决方案：桩头切割不到位，采用大锤直接击打破桩，导致桩头受损，影响桩的承载力。对于破坏比较严重的部分，建议再截一部分，后期采用植筋补桩的方式进行补强。如果不影响桩的承载力，可以采用高强混凝土进行修补。

一般来说，对于预制管桩截桩时，对高出设计标高的桩头，经测量找出断接线，将桩头按照需要尺寸进行切截。截桩头宜用锯桩器截割，严禁用大锤横向敲击或强行扳拉截桩。

15.基础柱头钢筋全部暴露

错误：该柱头是钢柱基础，柱头预埋有地脚螺栓，柱头的钢筋全部都暴露了出来。

原因及解决方案：钢筋下料偏长，浇注前，未检测模板及钢筋的标高，管理上有疏忽。钢柱安装完成后，有10cm高的二次浇筑层。施工方提出的解决方式就是：偏差10cm以内的，浇入二次浇筑层内；10cm以外的，将钢筋割掉，再二次浇注。

　　钢结构门式刚架应为简支结构，所以支座不承受弯矩作用。混凝土短柱上部钢筋过长，应不是太大问题，可截断至设计标高，若需增加二次浇灌混凝土的约束作用，也可加焊同截面水平钢筋两根及箍筋一根。但要保证预埋螺栓位置误差在规范以内，螺纹部分要用包扎方式保护。

16.浆砌毛石质量不合格

　　错误：偷工减料，砂浆太少，导致基础质量不合格。

　　原因及解决方案：基础设计为浆砌毛石，工人趁监理不在，偷工减料，中间未放足够的砂浆。

　　已砌好的全部返工处理。每一个基础上方，挖开洞口，尺寸500mm×500mm，然后往挖好的洞口灌入一定比例的砂浆，直到灌满为止。

　　毛石的基础施工应按以下要求进行。

　　（1）基础应在开挖完成后立即进行，做到随开挖、随下基、随砌筑。如不能马上砌筑，应随即打好垫层，防止基槽长时间暴露导致基底土开裂。基底纵坡应小于5%。

　　（2）砌毛石基础应双面拉线，采用"铺浆法"砌筑（即先铺砂浆，再摆砌石块，最后砂浆填缝、填塞小石块于大缝中）。砌第一皮最底层毛石基础时，按所放的基础边线砌筑，先在基坑底铺设砂浆，再将有较大平面的石块面向下铺砌在砂浆上；第二皮以上各皮则按准线砌筑；地面线以下部分可不修凿镶面石。

（3）砌筑每一皮毛石时，应分皮卧砌，并应上下错缝、内外搭砌，不得采用先砌外面的石块后再进行中间填心的砌筑方法，石块之间的较大缝隙不得采用先填塞碎石块后塞砂浆或干填碎石块的方法。

（4）毛石基础的灰缝厚度宜为20~30mm，砂浆应饱满，大小石块间均不得有直接接触或无砂浆的现象。

（5）毛石基础的每一皮内均应每隔2m长设置一块拉结石。

（6）毛石基础的转角处和交接处应同时砌筑，不能同时砌筑时应留斜槎，斜槎长度不应小于其高度，斜槎面上的毛石不得用砂浆找平；在斜槎处继续接砌片石基础时，应先将斜槎石面清理干净、浇水润湿后，方可砌筑。

（7）每2~3皮为一工作层，工作层中水平缝应大致找平，且竖缝错开不小于80cm，斜向通缝不得超过2皮。

17.浆砌毛石中夹杂大量的泥土

错误：浆砌毛石中夹杂大量的泥土，导致质量不合格。

原因及解决方案：施工人员未起到应有的现场检验责任，对来料不加控制。对于现有石料，可以用高压水枪进行清洗后再用于砌筑。

在浆砌毛石施工中要对原材料的质量严格把关。

石料：石料现场验收。砌石材质应坚实新鲜，无风化剥落层或裂纹。石材表面无污垢、水锈等杂质。用于表面的石材，应色泽均匀。石料密度应大于25kN/m³，抗压强度应大于60MPa。石料外形规格，毛石应呈块状，最小重量不应小于25kg。规格小于要求的毛石，可以用于塞缝，但其用量不得超过该处砌体重量的10%。料石应棱角分明，各面平整。其长度应大于30cm，最小边厚度应大于20cm，料石外露面应修凿加工，砌面高差应小于5mm。

砂：采用干净的中砂或粗砂。砂的最大粒径：用于砌筑毛石时，不宜超过2.5mm。砂的含泥量：当砂浆强度小于M5时，含泥量应不大于7%；当砂浆强度大于等于M5时，含泥量应不大于5%。

18.塔吊基础预埋螺栓错误

错误：塔吊安装，在预埋螺栓的时候埋错了，现在采用焊接转换过来。

原因及解决方案：施工出现错误后，不仔细分析问题解决原因，为省事，直接采用不符合实际的简单方法。

焊接太危险了，最好把下面一节部分浇捣混凝土里，否则，高强度螺栓—钢板—锚板—锚栓—混凝土，这样的传力系统过于复杂了，不能够达到单独通过锚栓的连接效果。退一步看，塔吊立柱的受力因为有大量的侧向支点，可以认为是仅产生竖直向下的反力，这种情况锚栓仅起固定作用，用混凝土浇实也可以，毕竟把受压解决好就行了。

19.弯曲的地脚螺栓的处理

错误：施工单位直接高温处理后用锤子敲打摆正。

原因及解决方案：图省事，未经分析就采用简单的处理方法。

地脚螺栓作用：①抵抗柱脚底板的拉力；②柱或设备基础底板定位。而且地脚螺栓为Q235级钢制作，因此弯曲的地脚螺栓如果变形不大，是可以采用热调的方式扶正的，只是要注意调整后螺栓杆截面不应改变过大。

从图上看，不仅仅是螺杆没摆正问题，好像是浇筑混凝土时螺杆偏位了；不管出现哪种情况，处理起来都要根据具体情况认真分析，分别对待。

（1）对于偏位较小的螺栓，设备安装时只需将螺帽套上（避免破坏螺纹），机械轻微纠正即可。

（2）对于少数偏位较大螺栓，可采取上述加热法慢慢纠正，但螺杆弯折角度不宜大于45°，这种情况因设备基础水平，势必偏位的螺栓那块有时设备落不到位，因此要锉掉一点螺杆根部混凝土，校正螺杆后，二次浇捣混凝土（采用高一等级的混凝土，并且基层要处理）。

（3）对于偏位较多的重要设备基础，螺杆不能随意处理，往往只有返工，重新预埋浇筑设备基础。

（4）对于体积较大设备的混凝土基础，螺杆偏位较大时，可采用钻心打孔，采用预留孔法，在孔中重新预埋螺杆，然后二次浇捣混凝土（此混凝土强度等级要高一等级，石子粒径要相对较小）处理。

（5）对于设备较轻、振动幅度不是很大的设备预埋螺栓，螺杆偏位数量不多，且偏位不是很大时，可采用上述钢板穿孔法处理。另外，浇筑设备基础时候，设备螺栓预埋有两种处理方法。

1）固定预埋法，并且在混凝土浇捣过程中要随时检查螺杆是否偏位、歪斜，随时纠正，直到混凝土浇捣结束，此法对螺杆预埋精确度要求较高，对于一次性预埋较多、螺杆较长（有的螺杆长度1m多，甚至更长）、布置不规则螺杆的设备基础，处理起来难度较大。

2）预埋孔、二次浇筑法处理，这种办法在工期不是很紧时常常用到。

20.基础筏板梁浇筑后存在的龟裂缝

错误： 基础筏板梁浇筑后存在龟裂缝。

原因及解决方案： 原因很多，主要有以下几点：

（1）底板太长，一次浇捣施工可能开裂，裂缝垂直于长向，裂缝之间距离大体相等，距离在20~30m之间，裂缝现在应该已经稳定了。该类裂缝系温度变形裂缝，属施工不当造成。

（2）梁裂缝在跨中，板裂缝在板中部，向四角呈放射状。形成原因：①设计时，地下水浮力考虑偏低，梁板承载力不够；②施工中钢筋放少了、板厚不足或混凝土强度不足，属偷工减料；③在底板未达到混凝土强度时停止降水，在底板强度不足时承受过大地下水荷载造成开裂，属施工技术不当。

（3）裂缝没有任何规则，属混凝土本身原因，干缩过大，属选材不当。

处理方法：属强度不足的，采用粘钢加固；强度没问题的注浆堵漏加固。

21.垫层质量问题

错误： 地圈梁外观质量差，没有搓毛收浆，成品保护不够。局部混凝土浇筑质量存在问题。

原因及解决方案： 地圈梁混凝土坍落度偏大，振得轻了点，钢筋保护层偏小，木抹没搓。对于现有垫层进行点凿毛处理。对于混凝土质量有缺陷的部分，凿除清理后，再用同等级混凝土进行二次浇筑。

（1）混凝土垫层施工。

1）基层处理：把黏结在混凝土基层上的浮浆、松动混凝土、砂浆等用錾子剔掉，用钢丝刷刷掉水泥浆皮，然后用扫帚扫净。

2）找标高弹水平控制线：根据墙上的+50cm水平标高线，往下量测出垫层标高，有条件时可弹在四周墙上。

3）混凝土搅拌。

①根据配合比（其强度等级不能低于C10），核对后台原材料，检查磅秤的精确性，做好搅拌前的一切准备工作。后台操作人员认真按混凝土的配合比投料，每盘投料顺序为石子—水泥—砂—水。应严格控制用水量，搅拌要均匀，搅拌时间不少于90s。

②按《建筑地面工程施工及验收规范》的要求制作试块。试块组数，按每一楼层建筑地面工程不应少于一组。当每层建筑地面工程面积超过1000m²时，

每增加1000m²各增做一组试块，不足1000m²按1000m²计算。

③铺设混凝土：混凝土垫层厚度不应小于60mm。为了控制垫层的平整度，首层地面可在填土中打入小木桩（30mm×30mm×200mm），拉水平标高线在木桩上做垫层上平的标记（间距2m左右）。在楼层混凝土基层上可抹100mm×100mm找平墩（用细石混凝土），墩上平为垫层的上标高。

大面积地面垫层应分区段进行浇筑。分区段应结合变形缝位置、不同材料的地面面层的连接处和设备基础位置等进行划分。

铺设混凝土前先在基层上洒水湿润，刷一层素水泥浆（水灰比为0.4~0.5），然后从一端开始铺设，由室内向外退着操作。

④振捣：用铁锹铺混凝土，厚度略高于找平堆，随即用平板振捣器振捣。厚度超过20cm时，应采用插入式振捣器，其移动距离不大于作用半径的1.5倍，做到不漏振，确保混凝土密实。

⑤找平：混凝土振捣密实后，以墙上水平标高线及找平堆为准检查平整度，高的铲掉，凹处补平。用水平木刮杠刮平，表面再用木抹子搓平。有坡度要求的地面，应按设计要求的坡度做。

⑥养护：已浇筑完的混土垫层，应在12h左右覆盖和浇水，一般养护不得少于7d。

⑦冬期施工操作时，环境温度不得低于+5℃。如在负温下施工时，所掺防冻剂必须经试验室试验合格后方可使用。氯盐掺量不得大于水泥重量的3%。小于、等于C10的混凝土，在受冻前混凝土的抗压强度不得低于5.0N/mm²。

（2）应注意的质量问题。

1）混凝土不密实：主要由于漏振和振捣不密实，或配合比不准及操作不当而造成。基底未洒水太干燥和垫层过薄，也会造成不密实。

2）表面不平、标高不准：操作时未认真找平。铺混凝土时必须根据所拉水平线掌握混凝土的铺设厚度，振捣后再次拉水平线检查平整度，去高填平后，用木刮杠以水平堆（或小木桩）为标准进行刮平。

3）不规则裂缝：垫层面积过大、未分段分仓进行浇筑、首层暖沟盖板上未浇混凝土、首层地面回填土不均匀下沉或管线太多垫层厚度不足60mm等因素，都能导致裂缝产生。

22.天然基础地梁开裂

错误：由于晚上浇筑混凝土，工人往商品混凝土里加水，最终导致基础及地梁全部开裂，裂缝最大达到10mm。

原因及解决方案：工人违规操作，而且施工不到位，造成质量事故。

现场一般采用的处理办法是在裂缝处凿开，直至没有裂缝的混凝土下50mm，然后用高一等级的混凝土重新浇筑；基础加双层12@150的钢筋网再浇筑300mm同强度等级混凝土（见下图）。

但基础加双层12@150的钢筋网再浇筑300mm同强度等级的混凝土。这个办法有问题，主要是基础厚度变大了，基础形式会从柔性基础变成刚性基础，反倒造成基础的不安全。这个在柔性基础设计里要求很明确，柔性基础的刚性角比刚性基础小很多。

基础加高了300mm，结构安全应该是没有问题的，但是也有一点不是很好，本来地梁拉在基础顶面平的，现在变成拉在了基础中部，无法起到调整柱子弯矩的作用了，这点来说，对结构受力不好。

最合适的办法是：适度凿毛裂缝表面，清洗干净，而后用含微膨胀水泥的混凝土塞填缝隙，并磨平基础表面。此后，用4@200的双向钢丝网或其他柔性的强纤维网（稀疏点）覆盖所有同一批次施工的基础表面，用含适量108胶或环氧树脂胶的水泥砂浆再抹30~50mm，避免新的裂缝。同时，增加的细石混凝土厚度，可以适度提高基础的抗冲切、抗弯等能力，不至过多影响建筑的功能。

23.条基及地圈梁质量问题

错误：沿地梁断面发展的裂缝很明显，证明混凝土养护水平不够。再看发现有的梁底部蜂窝麻面很明显，说明混凝土制品本身就不好，和易性较差，振捣也不好。

原因及解决方案：施工中振捣不到位，后期养护不好。

初步处理措施：对于基础混凝土垫层存在部分收缩裂缝问题，采用人工沿裂缝每边各50mm凿除，用水冲洗干净后，用C20细石混凝土重新浇筑，待终凝后浇水养护。完毕后使聚合砂浆保持一定时间的湿润状态，初凝后养护7天以上。实践结果证明，对于混凝土垫层，该加固处理方法能取得良好的效果。

后期施工过程中裂缝的防治措施。

（1）混凝土收缩值的大小和水泥品种、用量、拌和用水量、骨料规格、振捣密实性和养护好坏有关，应严格控制混凝土配合比、水灰比和砂率。

（2）为保证混凝土工程质量，防止开裂，提高混凝土的耐久性，正确使用外加剂也是减少开裂的措施之一，可掺加高效减水剂来增加混凝土的坍落度和和易性。

（3）在炎热环境中降低混凝土表面温度，如用冷水拌和、覆盖模板及底板、避开一日中最热时间施工等。

（4）合理地安排施工工序。混凝土浇筑后要及时覆盖，终凝后尽早进行养护，应遮挡太阳直射或洒湿周围场地等。如遇风季，需设置挡风设施，适当延长养护时间。

（5）在浇筑混凝土时，如确实需要，必须经务实处理后再作预制场地，还要保证模板有足够的强度和刚度，支撑牢固，并使地基受力均匀，防止混凝土浇筑过程中模板和地基被水浸泡。

24.冬季施工的条基裂缝严重

错误：条基裂缝较大，外观质量不合格，贯通裂缝会影响基础承载力和建筑结构安全。

原因及解决方案：冬季施工，未做有效的保温养护，而且在施工过程中，未加防冻剂，导致出现裂缝。

条基基础一般为素混凝土，如果长度较长，容易产生裂缝，浇筑混凝土后应注意加强养护。如果只是表面一层裂缝，它对结构没什么影响，可按如下步骤处理。

（1）凿除裂缝周边混凝土，使接触面凹凸不平，并用水冲洗干净。

（2）采用掺加膨胀剂的混凝土重新浇筑，浇筑前应用水湿润不少于24小时。

如果裂缝是至垫层贯通的，它肯定对结构安全有影响，需要跟设计单位联系，请设计人员过来现场指导处理。

25.挡土墙开裂补救措施

错误： 挡土墙外部，结合部位用条石砌筑，内部是用乱石浆砌的；高5m左右，总长60多米，底部基础宽度没有2m，最顶部宽度差不多60厘米。由于砌筑时没有设置沉降缝，加上上面部分区域有土堆积，还有砌筑乱石时，工人偷工减料使砂浆不饱满，导致挡土墙出现比较严重的开裂，特别是有拐角的地方。

原因及解决方案： ①未设置变形缝或者沉降缝（主要是温度缝）；②施工质量差；③上部堆载。

挡土墙的破坏无非以下几种情况：滑移破坏、倾覆破坏、地基承载力不够、重力式挡墙自身抗剪不足，以及该挡墙砌筑在滑坡上。如果挡墙前没有明显隆起裂缝或者土体受挤压情况，挡墙墙后无明显裂缝，基本可以排除滑移、倾覆破坏；如果墙身仅裂缝，无条石挤出情况，挡墙自身抗剪不足基本可以排除，挡墙砌筑在滑坡上比较复杂了，要大范围排查。60m范围内没有设置缝是一个很大的影响，特别是拐角处，应力重新分布；以及地基不均匀的沉降，都可以带来裂缝，但这些裂缝不会造成挡墙的垮塌，随着时间的推移，墙后土体的固结（要排除墙后填了膨胀土等），挡墙安全度有进一步的提高，对墙后、墙前地表水进行合理排放、挡墙应该还是安全的。

（1）由于现在开裂，周边可能存在裂缝（墙后），应该先对墙及墙后边的缝注浆或者堵缝，避免地表水渗流而改变土体的承载力（饱和土容重加大，黏聚力减少）。由于温度缝未设置，若想补救只能拆局部墙，建议是总长60多米，若条件不允许，不设置也没什么。

（2）确认挡墙后的堆载是否可以清除，若是可以减载（移走），则外部荷载清除；若无法减载，则在加固工程中先减载后恢复。

（3）最重要的就是排水。地质灾害中"十滑九水"，十次滑坡有九次都跟水有关，这是不容忽视的，应及时采取减小汇水面积，铺张塑料布盖住，免得雨水浸泡。

（4）如果出现的问题情况较多，可以采用对拉锚杆的方式，在两边墙体上穿过，这种方式花费较高，是最后考虑的一种措施。

26.地下室开裂

错误：超大面积的地下室，可能是转换节点设计不好，300mm厚的顶板被拉裂。整个地下室尽管做了几道全长伸缩缝，但还是开裂。最近一条伸缩缝距离开裂处不足20m。

原因及解决方案： 因为此处正好是顶板与楼板交接处，地下室要上覆土，所以做上折板，与主楼支柱交接处有1m距离，此处准备做的主体高度为23层，实际施工仅为4层，所以可以排除沉降拉裂的可能。由于顶板做了300mm厚，构件刚度极大，节点折板处没有做补强措施，还是按一般节点设计，施工也没足够重视，或者技术力量不足，浇筑时为赶工期采用了商品混凝土，骨料过细，收缩力过大，此两项造成强大内力拉裂顶板，其实裂纹很细，因为雨水原因才能很清晰地看到。鉴于工程完工，此处问题不会造成重大隐患，完工后做环氧树脂封堵即可。

27.拆完地下室顶板模板后所看见的裂缝

错误： 浇筑这块板是冬季施工，而且是在晚上浇筑的，温度不高，拆模的时间也不早，是根据同条件报告拆除的，所以不存在拆模过早的问题，养护也到位。周围的顶板都没有产生这样的裂缝，只有这块板出现了裂缝。

原因及解决方案： 该处裂缝位置属于较长地下室顶板端部的角落，两面与外墙连接的部分，

地下室开裂这部分的总长宽比小于2；裂缝方向与结构竖向荷载产生应力方向垂直，所以该裂缝并不影响结构的强度，但是影响结构使用和耐久。

由于地下室较长，未设置后浇带，导致温度应力的传力途径清晰，在地库存在较大竖向构件或中心部分的楼盖刚度较大或者配筋较大的时候，楼盖有向刚心靠拢的趋势，墙角部形成一个L墙，双向都有较大刚度，可以抵抗位移，而L墙外的部分平面外刚度较小，有较大位移。这样就使这个角的墙约束了楼盖的整体收缩，从而产生图中的裂缝。

由于该裂缝不影响结构的强度，因此在后期采用环氧树脂封堵或者采用高一强度等级的砂浆抹面处理。

28.地下室混凝土墙出现明显冷缝

错误：混凝土墙接茬处出现明显冷缝，形成渗水通道，很容易渗水。

原因及解决方案：在原有的混凝土结构物上继续浇灌混凝土时，原来的混凝土基础表面没有进行凿毛处理或凿毛后未清理干净，或者是未用水冲洗，就在原混凝土基础上浇灌混凝土拌和物，这样就会造成新旧混凝土的接茬（缝）之间

形成一道渗漏的缝隙。这种渗水现象在实际工程施工中会经常出现，尤其是在混凝土坍落度较小时（一般在50mm以下），接茬（缝）又未铺设水泥砂浆时更容易发生。

在新旧混凝土接茬施工前，应先清理原有混凝土表面的杂物和灰尘，用预拌砂浆铺垫或者刷素水泥浆一道，必要时还可以放置细钢丝网（新旧混凝土各埋入200mm），封模时可采用双面胶防止漏浆。出现冷缝只能重新按正确的方法再浇灌。

29.人防工程建设通病

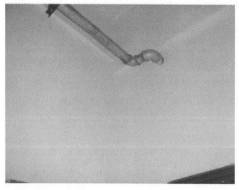

错误：（1）水管穿临空墙或防护密闭隔墙不加闸阀。

（2）平时风管直接穿墙，未事先预埋。

（3）防爆地漏未预埋，水管太高。

（4）门扇未装。

（5）通风竖井里的对拉螺栓没有截断。

（6）门框拉筋未锚入梁的主筋内。

（7）穿墙闸阀未装，部门套管未预埋。

（8）信号线管私自穿墙。

（9）平时排风管穿临空墙。

原因及解决方案： 人防工程未严格按照标准规范进行设计与施工，导致质量验收不合格。

防空地下室施工须按《人民防空地下室设计规范》（GB50038—2005）、《人民防空工程施工及验收规范》（GB50134—2004）、《人民防空工程质量检验评定标准》、《地下防水工程质量验收规范》（GB50208—2002）等有关设计和施工规范施工。施工图须按人防主管部门或其委托审查机构审查合格，方可施工。结合施工现场检查情况，具体在实际施工中遇到的有关问题说明如下（土建）：

（1）管理。

1）为保证施工质量，工程施工中应对隐蔽工程做好记录，并应进行中间或分项检验，合格后方可进行下一工序的施工。

2）人防工程在土建施工阶段涉及各专业的预埋件较多，土建施工前应进行图纸会审，各专业分工明确。设备安装工程应与土建工程紧密配合，土建主体工程结束并检验合格后，方可进行设备安装。

（2）底板浇注。

1）根据底板荷载主要系由下向上承受水压力、人防等效静载等荷载，底板上层钢筋一般从底板梁上层主筋下穿越。底板、侧墙、顶板上、下层钢筋绑扎时须设梅花形布置的拉结筋。

2）平时使用的出入口及防护单元之间洞口如若采用构件封堵，应在钢筋绑扎阶段注意封堵框的预埋，在底板后浇面层应按设计选用的图集设置封堵凹槽。

3）在底板钢筋绑扎阶段应注意在防护门及活门门框每角2根长度1000mm的

16螺纹钢预埋，不得漏埋。

4）防爆地漏、呼唤按钮及下水管预埋：战时给排水管材应为镀锌钢管；战时排水防爆地漏为螺纹接口；为避免地漏安装后高出地面，施工单位应注意排水管底标高应控制在300mm以上，若无法把握防爆地漏尺寸，建议施工单位对防爆地漏一起与钢管接好预埋到设计标高后再浇筑底板混凝土。

（3）侧墙浇筑。

1）防护密闭门门框墙为悬臂板设计时，应注意水平受力筋的直径、间距、锚固方向及锚固长度；水平受力筋应配置在外侧，且门框墙受力筋宜封闭。同时应注意门洞四角斜向钢筋的布置；上门框设水平梁时，其方向应朝向人防区内，且应锚入两边墙内。

2）人防工程施工所采用的模板及支架必须具有足够的强度、刚度和稳定性；保证工程结构和构件各部分形状、尺寸和相互位置的正确；临空墙、门框墙的模板安装，其固定模板的对拉螺栓上严禁采用套管、混凝土预制件等。

3）人防门的安装对门框墙的垂直度要求很高，施工单位应与人防门生产厂家密切配合，在支模时注意不得使用大模板，门框模板支好后施工单位应作复核，若有偏差则需由施工单位会同防护门安装厂家及时对门框墙垂直、水平作调正，控制在允许偏差以内后再浇筑混凝土。

4）为保证人防工程施工质量，防护密闭门、密闭门和活门门框墙、临空墙必须整体浇筑，不留水平施工缝，后浇带及施工缝位置应避开人防通道及人防门部位。

5）战时给排水，供配电以及平时使用的消防，采暖及电气有关预埋套管不能漏埋，各专业应及时作复核；管线穿越人防围护结构时应在穿墙处预埋防护密闭套管。

6）战时通风穿墙管道必须预埋到位，预埋管应加止水翼环，该环与预埋管满焊，翼环宽度≥50mm、板材厚≥3mm。平时通风管穿人防墙体（临空墙、密闭墙）时不能预留孔洞，必须在人防墙体有平战转换措施。

7）人员出入口和连通口的防护密闭门门框墙、密闭门门框墙上均应预埋4~6根备用管，管径为50~80mm、管壁厚度不小于2.5mm的热镀锌钢管，并应符合防护密闭要求。

8）防空地下室内的各种动力配电箱、照明箱、控制箱及消防箱，不得在外墙、临空墙、防护密闭隔墙、密闭隔墙上嵌墙暗装。若必须设置时，应采取挂墙式明装。

9）战时进风、排风竖井应该设计、施工一次到位。施工应注意在竖井内设爬梯；出地面部分做防倒塌棚架结构；地面通风口设多面进风百叶窗，其中靠爬梯侧为活置式，口径不小于500mm×800mm。

10）排风口部防密门开启侧防爆呼唤按钮须在浇筑侧墙前预埋到位，防爆电缆井请注意不要漏掉施工。

（4）顶板浇筑。

1）顶板吊钩预埋。各人防门、临战封堵在顶板内预埋吊钩土建施工单位不能漏埋。

2）在进风口部顶板内超压测压装置DN15镀锌钢管须预埋。

第二章　砌筑工程

1.砖砌体问题

错误：最下一层的砖应砌成丁砖，第四皮砖、第五皮砖跟上边应该错缝，现在形成通缝了。砂浆也不饱满。

原因及解决方案：施工人员对于砌筑工艺掌握不够，导致墙体砌筑不规范，质量不合格。对于出现通缝的墙体，应该拆除后，重新砌筑。在砌筑砖墙时应遵循以下几个原则。

（1）组砌方法：砌体一般采用一顺一丁（满丁、满条）、梅花丁或三顺一丁砌法。砖柱不得采用先砌四周后填心的包心砌法。

（2）排砖撂底（干摆砖）：一般外墙第一层砖撂底时，两山墙排丁砖，前后檐纵墙排条砖。根据弹好的门窗洞口位置线，认真核对窗间墙、垛尺寸，其长度是否符合排砖模数，如不符合模数时，可将门窗口的位置左右移动。如果有非整砖，七分头或丁砖应排在窗口中间、附墙垛或其他不明显的部位。移动门窗口位置时，应注意暖卫立管安装及门窗开启时不受影响。另外，在排砖时还要考虑在门窗口上边的砖墙合拢时也不出现破活。所以排砖时必须做全盘考虑，前后檐墙排第一皮砖时，要考虑甩窗口后砌条砖，窗角上必须是七分头才是好活。

（3）砌砖：砌砖宜采用一铲灰、一块砖、一挤揉的"三一"砌砖法，即满铺、满挤操作法。砌砖时砖要放平。里手高，墙面就要张；里手低，墙面就要背。砌砖一定要跟线，"上跟线，下跟棱，左右相邻要对平"。水平灰缝厚度和竖向灰缝宽度一般为10mm，但不应小于8mm，也不应大于12mm。为保证清水墙面主缝垂直，不游丁走缝，当砌完一步架高时，宜每隔2m水平间距，在丁砖立楞位置弹两道垂直立线，可以分段控制游丁走缝。在操作过程中，要认真进行自检，如出现有偏差，应随时纠正，严禁事后砸墙。清水墙不允许有三分头，不得在上部任意变活、乱缝。砌筑砂浆应随搅拌随使用，一般水泥砂浆必须在3小时内用完，水泥混合砂浆必须在4小时内用完，不得使用过夜砂浆。砌清水墙应随砌、随划缝，划缝深度为8~10mm，深浅一致，墙面清扫干净。混水墙应随砌随将舌头灰刮尽。

同时，在砌筑砖墙时，砂浆品种及强度应符合设计要求。同品种、同强度等级砂浆各组试块抗压强度平均值不小于设计强度值，任一组试块的强度最低值不小于设计强度的75%；砌体砂浆必须密实饱满，实心砖砌体水平灰缝的砂浆饱满度不小于80%。

2.砖墙开线槽质量问题

错误： 砖墙开线槽时野蛮施工将墙打透，并将墙体拉接筋打断，容易造成墙体裂缝。

原因及解决方案： 施工时不按照规范施工，引发质量问题。鉴于墙体已经被打透，最好沿开口将两边砖去除一、二匹，预埋拉结钢筋，重新砌筑补齐后，再进行开槽。

（1）墙身、地面开线槽用切割机开槽（有钢筋的承重墙和楼顶板除外），开线槽必须横平竖直，不允许弯弯曲曲，特殊情况须经监理同意。

（2）线管管面与墙面留10mm以上的批灰层，防止墙面开裂；布管时不允许用弯头连接，要使用弯管器；吊顶管线应用管码固定，距离顶棚面间距须大于50mm。

3.120mm宽砖墙拉结筋位置错误

错误： 120mm宽砖墙拉结筋布置不正确。

原因及解决方案： 120mm宽砖墙必须设置两根拉结筋，工人对砖墙砌筑拉结筋的布置规范掌握不够，导致墙体质量不合格。

砌体拉结钢筋通常指砌体与混凝土柱（构造柱）、混凝土墙等构件相交处起拉结加强作用的钢筋，在墙体自身

的相交处是否计算要按设计说明来，但砌块墙体与混凝土柱（构造柱）、混凝土墙等构件相交不管是T形相接、L形相接或一字形相接均应设置，一般是φ6@500。墙体拉结筋的位置、规格、数量、间距均应按设计要求留置，不应错放、漏放。

非抗震设防及抗震设防烈度为6度、7度地区的临时间断处，当不能留斜槎时，除转角处外，可留直槎，但直槎必须做成凸槎。留直槎处应加设拉结筋，拉结筋的数量为：墙厚大于120mm，则每120mm墙厚放置1φ6拉结钢筋；若厚墙仅为120mm，则放置2φ6拉结钢筋。

间距沿墙高不应超过500mm，且竖向间距偏差不应超过100mm。

埋入长度从留槎处算起每边均不应小于500mm，对抗震设防烈度6度、7度的地区，不应小于1000mm，末端应有90°弯钩。

4.砖墙砌筑时构造柱与墙体未放拉结筋

错误： 构造柱与墙体间未埋设拉结筋。

原因及解决方案： 砖墙砌筑时，未按照构造柱施工规范留拉结筋。尤其是留直槎的构造柱，更应预设拉结筋。将现有墙体拆除至需要埋设拉结筋处，按规范埋设拉结钢筋后，重新砌筑。

　　"接槎"是指相邻砌体不能同时砌筑而设置的临时间断，便于先砌砌体与后砌砌体之间的接合。为使接槎牢固，须保证接槎部分的砌体砂浆饱满，砖砌体应尽可能砌成斜槎，斜槎的长度不应小于高度的2／3，槎子必须平直、通顺。临时间断处的高度差不得超过1步脚手架的高度。当留斜槎确有困难时，可从墙面引出不小于120mm的直槎，并沿高度间距不大于500mm加设拉结筋，拉结筋每120mm墙厚放置1φ6钢筋（若墙仅120mm厚，则放置2φ6拉结钢筋），埋入墙的长度每边均不小于500mm。但砌体的L形转角处，不得留直槎。分段位置应在变形缝或门窗口角处，隔墙与墙或柱不同时砌筑时，可留阳槎加预埋拉结筋。沿墙高按设计要求每50cm预埋φ6钢筋2根，其理入长度从墙的留槎处算起，一般每边均不小于50cm，末端应加90°弯钩。施工洞口也应按以上要求留水平拉结筋。

5.顶砖填充质量问题

　　错误：砖墙砌筑时，与梁之间的顶砖砌筑质量不合格。

　　原因及解决方案：砌筑时工人与现场技术人员责任心不到位，为图省事，未严格按照砖墙填充规范施工。此处填充部分应拆除后，重新按照规范要求进行填充。

　　隔墙顶应用立砖斜砌挤紧，框架结构填充轻集料混凝土空心砌块，墙身应向一边倾斜：

（1）如果是框架结构填充轻集料混凝土空心砌块（盲孔）就是45°斜砌筑。

（2）如果是框架结构填充轻集料混凝土空心砌块（通孔）就是60°斜砌筑。

在实际施工过程中，对于砌块倾斜的角度一般要求不严，在45°~60°都可以，但斜砌筑只适用于砌体填充墙长小于5m时的顶部；如果墙长超过5m顶部就要与板或梁用胀锚螺栓连接了。

6.混凝土加气块砌筑问题

错误：混凝土加气块表面起皮；砖墙未在转角及端部设置构造柱；不同种类的砖混合砌筑在一起。

原因及解决方案：

（1）原材料控制不严格，影响后续的墙面抹灰及内部装饰施工。通常，混凝土结构建筑物的地面或墙面在施工完成和应用一段时间后，有些工程会出现起灰、起砂现象，这是混凝土常见的工程弊病。引起原因有两种，一是混凝土在正常使用条件下的磨损破坏；二是混凝土本身的原因。混凝土在正常使用条件下的起灰、起砂现象，一般出现的概率较低，只有经历很长时间后才会出现明显损坏，这种损坏属于材料正常使用的正常损坏。而病态混凝土的起灰、起砂不同于混凝土正常使用条件下的磨损破坏，它是在混凝土施工未启用之前即表现出了严重的结合强度不足和耐磨性差的问题。建筑物出现的病态起灰、起砂与混凝土的抗压强度没有直接的关系，与混凝土的黏结强度密切相关。解决病态混凝土的起灰、起砂措施和方法总体上有两类：

1）在水泥基材料未成型之前采取预防措施，包括加强对水泥基材料原材料的控制、物料的配合比设计、施工作业规范化管理，以及加强过程控制，加强混凝土养护，避免环境对质量的影响等。这些方法均为预防性措施，即便如此，水泥基材料的起灰、起砂现象仍时有发生。

2）对已经出现起灰、起砂的混凝土进行处理和治理，以物理方法为主进行补救：①在不影响道路和建筑物的标高下，加铺一层水泥基材料，如自流平水泥、细石混凝土等。问题严重的可能需要除去原有的混凝土，重新浇注混凝土；②采用薄层材料进行弥补。例如施工一层2~3毫米的自流平水泥，采用聚合物改性的腻子刮施、环氧等树脂材料修补。由于病态混凝土的黏结强度很低，两种材料的结合界面很容易分离，造成起皮等新问题；③改变地面材料种类，如铺设瓷砖、水磨石、石材、地毯等，但会增加造价或增加单位面积重量。还可通过在建筑物的不同部位用混凝土增强剂进行涂刷。

另外，加气块吸水导湿缓慢，干缩大，易开裂，表面容易粉化，所以在运输和堆存的过程中一定要有防雨、防潮措施。

（2）框架间的填充墙按照规定是需要设置构造柱的，当墙长超过层高的两倍，或者长度大于5m时都应该设置构造柱。构造柱设置位置的规定要求，无论房屋层数和地震烈度多少，均应在外墙四角、错层部位横墙与外纵墙交接处、较大洞口两侧、大房间内外墙交接处设置构造柱。构造柱的作用范围多层砌体房屋，底层框架及内框架砖砌体中，它的作用一般为加强纵墙间的连接。构造柱与其相邻的纵横墙以及牙槎相连接并沿墙高每隔500mm设置2φ6拉结筋，钢筋每边伸入墙内大于100mm。一般施工时先砌砖墙后浇筑混凝土柱，这样能增加横墙的结合，可以提高砌体的抗剪承载能力10%~30%，提高的比例幅度虽然不高但能明显约束墙体开裂，限制出现裂缝。构造柱与圈梁的共同工作，可以把砖砌体分割包围，当砌体开裂时能迫使裂缝在所包围的范围之内，而不至于进一步扩展。砌体虽然出现裂缝，但能限制它的错位，使其维持承载能力并能抵消振动能量而不易较早倒塌。砌体结构作为垂直承载构件，地震时最怕出现四散错落倒地，从而使水平楼板和屋盖坠落，而构造柱则可以阻止或延缓倒塌时间，以减少损失。构造柱与圈梁连接又可以起到类似框架结构的作用，其作用效果非常明显。

（3）不同种类的砖混合砌筑在一起，组砌不当。强度不一样的材料放到一起，弱的先破坏，强度高的材料就浪费掉了，不经济。

7.砌体门洞过梁质量问题

错误：上图第一张砌筑的质量还行，错缝搭接都挺好的，应该是个很负责的施工队。但是这道过梁质量存在问题，目前梁就有些变形，虽然说上部的砖不是很多，但是也必须加钢筋。

上图第二张应该是预制的过梁，估计是砌筑工人偷懒用了其他洞口的过梁，而且两者间的长度误差较大。

上图第三张所反映的砌筑有原则性的错误，空心砖的空孔是不能临边或直接接触混凝土墙体的，应该用实心砖进行收口及包边。而且斜顶砖也应该用实心砖砌筑密实。

原因及解决方案：过梁未加钢筋，而且支撑点长度太短。同时施工人员不按照规范标准施工，为省事，偷换不同的门洞预制梁，导致出现质量问题。

过梁主要用在砖混结构的建筑中。一般位于洞口的上方，用来承载洞口上面的荷载，并把它们传递给墙体，承重墙上面的过梁还承受楼板压力。过梁有以下三种构造方式：

（1）钢筋混凝土过梁，承载能力强，可用于较宽的洞口，一般和墙一样厚，高度要计算确定。两端伸进墙的长度要不小于240mm（对于标准砖）。但现在墙体多用多孔砖、混凝土砌块等，两端伸进墙的长度要不小于250mm，现在过梁一般都采用这种形式的做法。

（2）平拱砖过梁，将砖侧砌而成。灰缝上宽下窄，砖向两边倾斜成拱，两端下部深入墙内20~30mm，中部起拱高度为跨度的1/50。优点是钢筋、水泥用量少，缺点是施工速度慢、跨度小，有集中荷载或半砖墙不宜使用。

（3）钢筋砖过梁，在洞口顶部配置钢筋，形成加筋砖砌体，钢筋直径6mm，间距小于120mm，钢筋伸入两端墙体不小于240mm。

门窗洞口上部都设有过梁（除非框架等结构中是梁底安门窗，就已经起到了过梁的作用）。设过梁主要是为了保证上部墙体在洞口处的刚度。

8.墙体砌筑中的页岩砖长度偏差过大

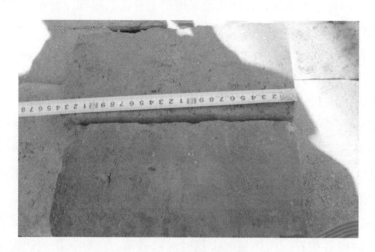

错误： 页岩砖尺寸偏差多大，不符合规范要求。

原因及解决方案： 墙体砌筑中的页岩砖规范规定应为240mm×115mm×53mm。本工程中砖长度偏差达20mm以上，所砌砖墙全部不合格，造成返工。砖的规格尺寸，应是材料进场检验的重点内容。

由于页岩砖是一种新型的绿色环保建筑材料，因此施工之前要制定砌筑施工方法与砌筑工艺措施，保证砌块墙体的施工质量。在具体施工过程中，可以参考下面操作进行：

（1）施工前准备工作。

1）页岩砖在进场时要达到28d养护强度标准，进场后要分规格、分垛堆放，并对页岩砖外观检查，对长宽超出±3mm、高度超过＋3mm或小于－4mm的砖不得上工作面，因页岩砖吸水率比普通黏土砖小，因此要提前浇水，勤浇水。

2）砌筑前要熟悉图纸，对底皮砖要提前摆砖，制定皮数杆，并对操作者下达有针对性的技术交底，砌筑样板墙（包括转角、丁字头的组砌），施工工人应了解页岩砖的施工方法。

（2）页岩砖砌筑。

1）砌筑前清理干净基层，并按设计要求弹出墙体的中线、边线与门窗洞位置，并在墙的转角及两头设置皮数杆。皮数杆标志水准线，砌筑时从转角与每道墙两端开始。

2）砌筑每楼层第一皮砖前，基层要浇水湿润然后用1∶3水泥砂浆铺砌，砌筑方式采用梅花丁砌筑，在转角处采用"七分头"组砌，砌筑当中的"二寸搓"用无齿锯切割页岩砖，解决模数不符处砌体组砌问题。

3）构造柱、圈梁窗台板处的砌筑，由于页岩砖比普通黏土砖多半层高度，施工时采用先三退、后三进的方法留置罗汉搓，在圈梁位置与窗台板处满丁满条砌两皮砖，解决页岩砖孔多、混凝土振捣不实及混凝土浪费问题。

4）每皮砖砌筑时要对应皮数杆位置，在墙体转角和交接处同时砌筑，每块砖砌筑时要错缝搭接，不得有通缝现象，砌上墙的砖不得进行移动和撞击，若需校正则应重新砌筑，在砌筑完之后，要及时将砖缝进行清理，将砖缝划出深0.5mm深槽，以便抹灰层与墙体黏结牢固。

5）灰缝的控制，页岩砖灰缝控制在10mm左右，这样有利于页岩多孔砖与页岩标砖的模数相符。砌体横缝砌筑时满铺砂浆，立缝采用大铲在小面上打灰、砖放好之后再填灰的方法。

6）砌体的砌筑高度，应根据气温、风压墙体部位进行分别控制，一般砌筑高度控制在1.8m左右。

（3）墙体与门窗框的连接。门窗框应在门窗洞口两侧的墙体上中下位置，每边砌筑带防腐木砖的C20砌块。

（4）墙体暗敷管与各种箱体的留置。在砌筑前提前与水电安装进行研究，定出将页岩多孔砖的孔用电钻打，达到穿管要求，然后在砌筑时，由施工人员将管留置在墙体内，各种箱体的洞口，在箱体背部根据厚度差补砌页岩多孔砖与页岩标砖，箱体上部砌预制钢筋混凝土过梁，在电门与插座洞口处用预先切割好的页岩砖砌筑留出洞口。

（5）构造柱与圈梁支模加固，可采用墙体砌筑时在横竖缝处按构造柱尺寸，每50cm预埋410mm的PVC（聚氯乙烯）套管，圈梁沿长度方向每1.5m预埋φ10mm的PVC套管，在支模时将穿墙螺栓放入进行支模加固的方法。

（6）钢筋和钢筋网片，砌筑时在墙体的交接处，构造柱和墙体连接处，后砌体与墙体交接及其他墙体开裂的部位，设置φ4钢筋网片，墙拉筋设置时根据页岩砖的厚度利用灰缝厚度进行调整，设置高度不大于50cm。

（7）质量验收和检验方法。

1）页岩砖及砂浆的强度等级，应符合设计要求，并且要有产品合格证，产品性能检测报告和试验报告。

2）砌体水平缝的砂浆饱满度，按净面积不应低于90%，竖向灰缝饱满度不小于80%，砌体不得有瞎缝、透明缝和通缝。

3）砌体的轴线偏差和垂直度，以及一般尺寸的偏差要符合《砌体结构工程施工质量验收规范》（GB50203－2011）标准。

9.承重墙用砖强度不够

错误：对材料性能了解不够全面，就盲目用作承重墙。

原因及解决方案：该砌块是水泥砖，看粉碎程度，应该是陶粒混凝土块。应根据水泥砖的自身强度再结合设计要求，才可以决定是否可用于承重墙。

以陶粒代替石子作为混凝土的骨料，这样的混凝土称为"陶粒混凝土"。以黏土、亚黏土等为主原料，经加工制粒、烧胀而成的，其粒径在5mm以上的轻粗骨料称为黏土陶粒；粒径小于5mm的轻细骨料称为黏土陶砂。黏土陶粒和陶砂适用于结构保温用的轻骨料混凝土，也可用于结构用的轻骨料混凝土。

陶粒混凝土是一种具有可控性的混凝土，其容重和强度均具有可控性，这一特点在陶粒混凝土空心砌块的生产上表现得尤为突出。通过选用不同级别的陶粒，掺入砂、粉煤灰等材料，采用不同的配合比，就能生产出不同规格、性能各异、应用领域极为广泛的陶粒混凝土空心砌块，尤其是页岩陶粒表现出的高强性能（抗压强度达到20MPa），真正实现了墙体材料的轻质高强，从而把陶粒混凝土空心砌块的应用领域从一般围护及填充墙结构拓展到了承重墙结构上。

10.外墙聚苯板内保温层砌筑质量问题

错误：外墙聚苯板内保温层碎拼、污染严重。

原因及解决方案：保温层砌筑不符合质量规范，采用碎块拼接，而且砌块受到脏物污染，容易造成墙面结露等弊病。

外墙内保温是在墙体结构内侧覆盖一层保温材料，通过黏接剂固定在墙体结构内侧。目前内保温多采用粉刷石膏作为黏接和抹面材料，通过使用聚苯板或聚苯颗粒等保温材料达到保温效果。其施工可参考下面顺序进行：做灰饼→界面剂处理→做保温层→抗裂保护层→装饰基层。

其中，抗裂度保护层一般分二遍完成，第一遍抹厚3mm左右，然后竖向把网格布压入保护层，再从中间向四周抹压，搭接宽度不应小于50mm，严禁抹平压实，网格以暗格为佳，厚度3~5mm，平整度、垂直度应符合规范要求。

所用材料、品种、质量、性能应符合设计和有关规范规程要求，并附有效检验报告；保温层厚度及构造做法应符合建筑节能设计要求，保温层厚度均匀，不允许有负偏差；保温层与墙体及各构造层之间必须黏接牢固，无脱层、空，面层无粉化、起皮、爆灰等现象；表面平整、洁净、接槎平整，无明显抹纹，线角顺直清晰；墙面所有门窗口、孔洞、楼、盒位置和尺寸正确，表面整齐洁净，管道后面抹灰平整。

各构造层在凝结前应禁止水冲、撞击、振动。禁止在保护层未干前进行饰面层施工。在界面砂浆凝固但未干前抹保温层效果更佳。

具体可以参考下面4张图。

涂黏接剂

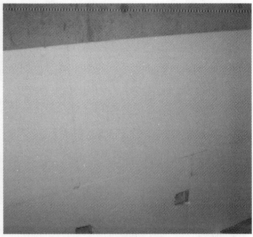
黏接

做抗裂保护层

压入网格布

第三章　模板工程

1.施工现场胀模

错误：施工中胀模，导致结构变形。

原因及解决方案：由于支撑不够牢固，导致模板在浇筑混凝土时发生移位，形成开裂或者变形。

模板拆除后发现混凝土有胀模现象，技术质量人员应及时通知监理工程师到现场查看，监理工程师查看完成后作业人员对胀模部位混凝土进行剔凿，剔凿时不得损坏结构钢筋，剔凿完成后，经项目部技术人员检查合格，通知监理工程师验收，验收合格后用清水将剔凿部位浇水湿润，用与原结构混凝土所使用的同样的水泥配置1∶2~1∶2.5的水泥砂浆，于修补前进行调试对比，调试好后将水泥砂浆放入小桶内搅拌均匀，依照漆工刮腻子的方法用刮刀将剔凿面刮平压光，随后按照混凝土养护方法进行养护。

建筑工程施工，现场采用现浇混凝土的一般都是采用木模板。浇筑混凝土胀模这是一个很普遍的问题。不胀模是不可能的，最主要是控制胀模的范围和程度。我们控制柱子胀模的方法主要采用以下几种方式。

（1）首先分析柱子的特点，柱子的高度、截面，柱子截面的几何尺寸和截面形式、柱子在建筑物中的位置、柱钢筋的多少、是否有预埋件等选择合适的模板体系和加固方式，一般的模板体系主要有与混凝土面接触的模板面、背楞、加固支撑、螺栓等。也就是从加固材料上着手，解决模板变形的问题，选择这些材料主要是根据经验，有时候是根据计算（对于重要的结构或者构件）。用于工程中的模板体系不变形或者变形很小（构件变形必须符合相关的验收规定才行），那么构件的变形就是可以控制的了。

（2）混凝土的入模形式也需要控制。混凝土的坍落度越大，混凝土对模板的侧压力就越大，对模板体系和加固方式要求也就越高。如果混凝土的入口距离混凝土面较高，混凝土的冲击也就越大；对于较高的柱子可以采用两次浇筑混凝土，第一次浇筑一部分，待下部的混凝土基本稳定以后，初凝以前，再浇筑剩余部分。选择较好的混凝土入模方式可以避免混凝土胀模超出规范要求。

（3）混凝土浇筑过程中，振捣方式的影响也很大。有些时候振捣工人会把一个混凝土全部浇筑满的柱子重新插入振捣棒，一直到底，这样可以保证了柱子混凝土的密实，但是对于混凝土胀模影响很大，有时候可能爆模。对于一些截面比较大、形状比较复杂的柱子，有可能是两个甚至更多的振捣棒一起插入，对于柱子胀模的危害很大。

当然影响胀模的因素很多，比如整个支撑体系、地基、材料种类等都可能影响胀模，实际施工中需要根据不同的影响因素采取不同的措施加以避免。

2.现场支模混乱

错误：支模不规范，模板也都是旧的周转料。

原因及解决方案：施工单位不舍得出钱，从别的工地拉来的旧模板，木

49

工水平低下，无法严格按照规范要求施工，导致支设的模板乱七八糟。对于不合格的模板必须拆除后，重新支设。旧的模板如果经过处理后，达不到使用要求，必须进行更换。

混凝土结构的模板工程，是混凝土结构构件施工的重要工具，现浇混凝土结构施工所用模板工程的造价，约占混凝土结果工程总造价的三分之一，总用工量的二分之一。目前现浇混凝土结构所用模板技术已经迅速向多体化、体系化方向发展，除部分楼板支撑还采用散支散拆外，已形成组合式、工具化、永久式三大系列工业化模板体系，采用木（竹）胶合板模板也有了较大的发展。

在现场施工过程中，无论采用哪一种模板，模板的支设必须符合下列规定。

（1）模板及其支架应具有足够的承载能力、刚度和稳定性，能可靠地承受浇筑混凝土的重量、侧压力及施工荷载。

（2）要保证工程结构和构件各部分形状尺寸和相互位置的正确。

（3）构造简单、装拆方便，并便于钢筋的绑扎和安装，符合混凝土的浇筑及养护工艺要求。

（4）模板的拼（接）缝应严密，不得漏浆。

（5）清水混凝土工程及装饰混凝土工程所使用的模板，还应该满足设计要求的感官效果。

一般来说，对于现场模板工程的检验可以依据以下几点进行。

（1）一般规定。模板及其支架应根据工程结构形式、荷载大小、地基土类别、施工设备和材料供应等条件进行设计。模板及其支架应具有足够的承载能力、刚度和稳定性，能可靠地承受浇筑混凝土的重量、侧压力以及施工荷载。在浇筑混凝土之前，应对模板工程进行验收。

模板安装和浇筑混凝土时，应对模板及其支架进行观察和维护。发生异常情况时，应按施工技术方案及时进行处理。

模板及其支架拆除的顺序及安全措施应按施工技术方案执行。

（2）支设检查。安装现浇结构的上层模板及其支架时，下层模板应具有承受上层荷载的承载能力，或加设支架；上、下层支架的立柱应对准，并铺设垫板。

在涂刷模板隔离剂时，不得沾污钢筋和混凝土接槎处。

（3）安装要求。

1）模板的接缝不应漏浆；在浇筑混凝土前，木模板应浇水湿润，但模板内不应有积水。

2）模板与混凝土的接触面应清理干净并涂刷隔离剂，但不得采用影响结构性能或妨碍装饰工程施工的隔离剂。

3）浇筑混凝十前，模板内的杂物应清理干净。

4）对清水混凝土工程及装饰混凝土工程，应使用能达到设计效果的模板。

用作模板的地坪、胎模等应平整光洁，不得产生影响构件质量的下沉、裂缝、起砂或起鼓。

对跨度不小于4m的现浇钢筋混凝土梁、板，其模板应按设计要求起拱；当设计无具体要求时，起拱高度宜为跨度的1/1000~3/1000。

固定在模板上的预埋件、预留孔和预留洞均不得遗漏，且应安装牢固，其偏差应符合表3-1的规定。

表3-1 预埋件和预留孔洞的允许偏差

项目		允许偏差（mm）
预埋钢板中心线位置		3
预埋管、预留孔中心线位置		3
插筋	中心线位置	5
	外露长度	+10，0
预埋螺栓	中心线位置	2
	外露长度	+10，0
预留洞	中心线位置	10
	尺寸	+10，0

注：检查中心线位置时，应沿纵、横两个方向测量，并取其中的较大值。

现浇结构模板安装的偏差应符合表3-2的规定。

表3-2 现浇结构模板安装的允许偏差及检验方法

项目		允许偏差（mm）	检验方法
轴线位置		5	钢尺检查
底模上表面标高		±5	水准仪或拉线、钢尺检查
截面内部尺寸	基础	±10	钢尺检查
	柱、墙、梁	+4，-5	钢尺检查
层高垂直度	不大于5m	6	经纬仪或吊线、钢尺检查
	大于5m	8	经纬仪或吊线、钢尺检查
相邻两板表面高低差		2	钢尺检查
表面平整度		5	2m靠尺和塞尺检查

注：检查轴线位置时，应沿纵、横两个方向测量，并取其中的较大值。

预制构件模板安装的偏差应符合表3-3的规定。

表3-3 预制构件模板安装的允许偏差及检验方法

项目		允许偏差（mm）	检验方法
长度	板、梁	±5	钢尺量两角边，取其中较大值
	薄腹梁、桁架	±10	
	柱	0，-10	
	墙板	0，-5	
宽度	板、墙板	0，-5	钢尺量一端及中部，取其中较大值
	梁、薄腹梁、桁架、柱	+2，-5	
高（厚）度	板	+2，-3	钢尺量一端及中部，取其中较大值
	墙板	0，-5	
	梁、薄腹梁、桁架、柱	+2，-5	
侧向弯曲	梁、板、柱	$l/1000$且≤15	拉线、钢尺量最大弯曲处
	墙板、薄腹梁、桁架	$l/1500$且≤15	
板的表面平整度		3	2m靠尺和塞尺检查
相邻两板表面高低差		1	钢尺检查
对角线差	板	7	钢尺量两个对角线
	墙板	5	
翘曲	板、墙板	$l/1500$	调平尺在两端测量
设计起拱	薄腹梁、桁架、梁	±3	拉线、钢尺量跨中

注：l为构件长度（mm）。

3.这些支模架所存在的问题

错误：模板支护混乱，不符合规范，主要有以下几点问题。

（1）扫地杆没有。

（2）顶部油托直接顶在钢管上，应改为100mm×100mm的方木，油托自由端过长。

（3）立杆下没有垫块。

（4）挑板下的水平管没有用扣件锁死。

（5）水平向钢管布置过少，部分仅为一道水平管。

（6）梁侧帮加固方式也不行。

原因及解决方案：施工人员对于模板支护了解不够，或者不按照规范施工，形成质量安全隐患。这种模板支护随意、不符合规定的做法在很多施工现场都较为常见，往往都是施工人员不够重视所引起的。通常情况下，对于模板支护都会有相应的通过审核的专项施工方案，在施工时，不能投机取巧，想当然，必须掌握模板方案里面的支撑系统，严格按照专项方案去做。

　　4.支模架坍塌事故

　　错误：模架搭设没有方案，步距和纵横距过大，没有设置剪刀撑，柱梁板混凝土采取整体一次浇灌成型方案，结果造成支模架整体坍塌，死伤7人。

　　原因及解决方案：主要有几个原因：（1）该工程是高支模，一般高支模应有相关搭设方案（必要时要相关专家论述通过，否则是极其危险的）。

（2）柱子和楼板整体浇筑，这点风险也是很大。

（3）相关管理人员管理不当，没有及时排除工程安全隐患，最终导致工程安全事故的发生。

在进行高支模施工前，必须作出有针对性的高支模专项施工方案，并经过审批，才能进行后续的施工作业。通常其施工方案包括以下几个方面。

（1）编制依据。简单说明该方案的编制依据及来自于哪些标准规范或者施工手册。

（2）工程概况。简要说明该工程的具体情况。

（3）支撑体系设计。涉及各种参数的计算，模板支撑强度的验算等数据的计算复核，保证支设方案理论上的安全性。这个不同的工程有不同的具体计算数据。

（4）高支模的搭设、拆除控制。一般以《建筑施工扣件式钢管脚手架安全技术规范》（JGJ130—2011）中的相关规定为参照基础。可以参考以下步骤进行：

1）梁板施工工艺流程：搭设脚手架—绑扎柱钢筋—支柱模至梁底—支梁底模—板底模—浇筑柱混凝土—绑扎梁钢筋—封梁侧模—绑扎板钢筋—隐蔽验收—浇筑梁板混凝土—养护—混凝土强度达设计要求—拆模—转入下一施工段。

2）满堂脚手架搭设。

①脚手架支撑搭前，工程技术负责人应按本施工组织设计要求向施工管理人员及工人班组进行详细交底，要签字确认。

②要对钢管、配件、加固件进行检查、验收，严禁使用不合格的钢管、配件。

③对各层楼面进行清理干净，不得有杂物。

④根据脚手架平面布置，先弹出立杆位置，垫板、底座安放位置要准确，搭设时可采用逐排搭设的方法，并应随搭随设扫地杆水平纵横加固杆。

⑤脚手架的安装：摆放垫板、立杆底座—拉线安装可调底座脚—摆放扫地杆—逐根树立立杆并随即与扫地杆扣紧—装扫地纵横杆并与立杆或扫地杆扣紧—安装第一步横杆与各立杆扣紧—安装第二步横杆—安装第三、四步横杆—接立杆—加设剪刀撑—水平加固杆—连接支托板—铺设枋木。

⑥水平加固杆应在脚手架的周边顶层、底层及中间每列5排通长连续设置，并应采用扣件与门架立杆扣牢（4.5m以下部分纵横杆不少于两道，4.5m以上每

增高1.5m相应加设一道）。

⑦钢管、可调支托板和可调底座应根据支撑高度设置，但要确保可调托（底）座的伸出长度不超过200mm。

⑧模板脚手架搭设完成后，须由项目负责人会同监理人员签字验收合格后，方可投入使用。

3）模板的安装质量要求。

①模板安装必须保证位置准确无误，模板拼缝严密，支撑系统牢固可靠，不发生变形和位移。

②模板安装完毕后，测量人员应对模板位置、垂直度、标高、预埋及预留洞的位置等进行检查。

模板拆除应符合相应的条件和操作程序，因为后面有涉及模板拆除的内容，此处就不再展开说明。

（5）高支模及支撑体系的验收。高支模施工由于局部楼面高度高，梁截面尺寸大，施工荷载大，若钢管扣件支撑体系处理不当，极易发生事故，故必须对高支撑支撑体系进行验收，达到施工方案要求后，方可进行下道工序施工。

（6）防止高支模支撑系统失稳的措施。

（7）支模搭设和拆除以及预防坍塌事故的安全技术措施。

（8）沉降观测及应急救援预案。

5.一组模板支撑问题

错误：（1）梁体基本没有专门的竖向支撑，横向钢管跨度过大，从图片看来大部分梁底横向钢管都已经下挠，这样势必形成鱼腹梁，对后续粉刷装修十分不利。

（2）梁侧没有三角撑，或是对拉螺栓，这样梁两侧混凝土压力不能在梁两侧自平衡，很容易胀模，立杆上端成了一个悬臂构件，因为它的变形会导致梁上宽下窄。

（3）梁底所有十字扣的方向都搞反了，有螺栓的一侧应朝上，这样受力要合理一些。

（4）模板支架不成体系，缺少纵横向水平杆，没扫地杆。如果不是梁板柱一次浇筑，层高也不大，不设剪刀撑问题不会太严重。但如果是梁板柱一次浇筑的话，就会形成多米诺骨牌效应，整体倒塌的风险增大，会导致严重的质量安全事故。

原因及解决方案：对于模板的支撑加固施工要规范掌握不够，导致模板支撑不到位，形成质量安全隐患。

碗扣式钢管模板支撑体系应该按照以下几个重点方面进行验收。

（1）施工方案：模板支撑体系方案必须完整，有设计计算，审批手续必须齐全，最不利位置立杆、横杆、斜杆强度验算、基础强度验算，绘制架体结构计算图。上下步间距符合设计和规范要求。搭设前必须对人员进行安全技术交底。主要施工执行标准为《建筑施工碗扣式钢管脚手架安全技术规范》（JGJ130—2011）、《建筑施工模板安全技术规范》（JGJ162—2008）。

（2）立杆基础：基础经验收合格，平整坚实与方案一致，立杆底部有底座或者垫板符合方案要求，并准确放线定位。基础是否有不均匀沉降、立杆底座与基础面的接触有无松动或悬空现象。

（3）剪刀撑：纵向剪刀撑按每腹板下及周边各设一道，横向剪刀撑按每隔4.8米设置一道，水平剪刀撑按上、中、下各设一道。

（4）杆件连接：步距、纵距、横距和立杆垂直度搭设误差应符合相应规范要求，保证架体几何不变形的斜杆、十字撑等设置是否完善。立杆上碗口是否可靠锁紧，立杆连接销是否安装，斜杆扣接点是否符合相应规范要求，扣减螺栓拧紧程度符合规范要求。碗扣支架总体稳定，构造措施按规范执行。

（5）材质：采用钢管碗扣式搭接，有出厂质量合格证、产品性能检验报告、构配件有使用前的复验合格记录。使用的钢管管壁厚度、焊接质量、外观质量符合规范要求，可调底座和托撑螺纹杆直径、与螺母配合间隙及材质符合相应规范要求。

（6）架体安全防护：满堂架高度超过5m时，作业层下的水平安全网应按《建筑施工扣件式钢管脚手架安全技术规范》（JGJ130—2011）规定设置，架体必须有脚手板搭设的操作平台。

6.天沟底部出现蜂窝、麻面

错误： 现浇混凝土表面出现蜂窝、麻面。

原因及解决方案： 天沟底部模板内未清理干净，杂物太多导致现浇混凝土局部质量不合格。

混凝土表面缺陷深度小于1cm的为麻面，主要影响使用功能和美观，应加以修补，将麻面部分湿润后用水泥砂浆抹平。

预防措施：模板面清理干净，无杂物。木模板在浇筑前用清水充分润湿，拼缝严密，防止漏浆。模板平整，无积水现象。振捣密实，无漏振。每层混凝土应振捣到气泡排除为止，防止分层。

混凝土表面缺陷深度大于1cm，缺陷程度小于孔洞的为蜂窝。混凝土拆模后发生蜂窝的处理方法，需视其对结构构件的影响程度，采取不同的方法。

（1）非结构性蜂窝：不影响构件承重断面，未损及钢筋握裹，即蜂窝深度未延伸至钢筋者，属于表面层损伤。处理方法：将蜂窝处疏松敲除，洒水润湿后，使用与混凝土相同水灰比的水泥砂浆填补整平。

（2）结构性蜂窝：影响构件承重断面，损及钢筋握裹能力，将导致构件传力安全。处理方法：

1）敲除蜂窝处的疏松部至钢筋周围。

2）以清水清理残渣与砂粉。

3）刷涂混凝土专用黏着剂。

4）填灌与原混凝土相同配合比的混凝土，最好使用非收缩性水泥或添加膨胀剂，以弥补新灌混凝土的体积收缩。

5）养护根据采用的修补材料不同，决定养护方法与养护期。

6）以表面强度测试锤测试其强度，确认符合原设计强度。

7.上下模板错台

错误：两层混凝土之间的模板因加固不牢在浇筑过程中形成的混凝土错位。

原因及解决方案： 混凝土浇筑产生错台缺陷主要是由模板原因造成的。模板设计不合理、模板规格不统一、安装时模板加固不牢或在浇筑过程中不注意跟进调整，使模板间产生相对错动，都会引起错台。特别是模板下部与老混凝土搭接不严密或不牢固，留下缝隙，引起浇筑时漏浆，是产生错台的主要原因。

错台宽度小于1cm的错台，处理方法为：直接进行打磨处理，先用合金磨光片快速打磨，预留5mm厚度，然后用砂轮磨光片打磨至设计轮廓，最后用砂纸磨光。错台宽度大于1cm的错台，首先按顺接坡度1∶15划出切割范围进行切割，切割时预留保护层，切割完成后，按照麻面的处理方法再进行进一步的处理。

8.箱梁施工中模板接缝处漏浆

错误：模板接缝处漏浆。

原因及解决方案： 漏浆时，水和水泥会从模板与模板或者模板与地面的缝隙间溢出，导致缝隙处都是大颗粒的砂石，降低了构件强度，影响安全。对于出现漏浆部分，必须进行凿除清理，然后采用高一等级的细石混凝土进行补强。

一般来说，产生漏浆的原因主要有以下几个方面。

（1）模板材质不符合要求，制作粗糙，不规则。

（2）相邻模板不平整，拼接不严。

（3）纵横垂直支撑不牢固，承受不住混凝土浇筑时的侧压力，产生外胀、跑模现象。

（4）混凝土过稀。

（5）振捣棒在局部振动时间过长。

（6）混凝土的坍落度比较大。

（7）地面不平整，混凝土无法与地面紧密贴合。

预防漏浆主要从以下几个方面进行考虑。

（1）首先检查模板加固得是否牢固，主要检查支撑模板的肋间距能否满足混凝土的侧向压力。

（2）控制模板缝隙在规范允许范围内。

（3）若是钢模最好在两模之间放海绵胶条夹住（接缝处用胶带粘贴容易振捣时脱落），这样确保在混凝土浇筑过程不漏浆。

（4）柱、墙模板与地面交接处提前一天用水泥砂浆封严，模板与砖墙的接触面用双面胶带。

（5）浇筑混凝土时控制浇筑速度，特别是用地泵或者汽车泵时。

（6）在浇筑混凝土时，必须安排技术员在现场旁站，有问题及时处理。

9.混凝土面上残留模板印迹

错误： 浇筑混凝土之前由于梁底没清理干净，拆模后在混凝土面上残留模板轮廓印迹。

原因及解决方案： 出现模板印痕的根本原因：模板的材质不同，规格及新旧程度不统一；模板设计刚度不足，受力后变形过大；安装模板时加固不牢，混凝土浇筑过程中发生胀模；在浇筑过程中没有随混凝土上升而跟进调整模板。

如果梁底钢筋保护层够，打磨一下，再修补一下即可。

如果梁底钢筋保护层不够或没有了，则可以凿出来，在梁底加一层钢筋网或钢丝网，再浇筑细石混凝土（50~100mm厚）。

10.拆模板不规范

错误： 拆模板时不搭架子，但是支撑不是全部都拆除净，人站在留有支撑的下面，用钢筋钩子往下拽。

原因及解决方案： 严重违反拆模程序，不按照施工规范拆模，为了进度赶工，拆了架子赶快去周转。这样不仅会影响混凝土的外观质量，更为严重的是导致施工安全隐患。拆模这样虽不容易导致致命性的安全事故，但如果整体下落砸到人，也是很严重的事故。

严格要求现场施工人员按照拆模的规范要求进行施工，防止发生质量安全事故。按照《混凝土结构工程施工质量验收规范》（GB 50204—2011）的要求，模板的拆除应该遵循以下条件和顺序进行。

混凝土结构浇筑后，达到一定强度，方可拆模。主要是通过同条件养护的混凝土试块的强度来决定什么时候可以拆模，模板拆卸日期，应按结构特点和混凝土所达到的强度来确定。

（1）现浇混凝土结构的拆模期限。

1）不承重的侧面模板，应在混凝土强度能保证其表面及棱角不因拆模板而受损坏，方可拆除，一般12小时后；

2）承重的模板应在混凝土达到下列强度以后，方能拆除（按设计强度等级的百分率计）：板及拱：跨度为2m及小于2m的需达到设计强度的50%；跨度为大于2~8m的需达到设计强度的75%；梁（跨度为8m及小于8m）需达到设计强度的75%；承重结构（跨度大于8m）的需达到设计强度的100%；悬臂梁和悬臂板需达到设计强度的100%。

3）钢筋混凝土结构如在混凝土未达到上述所规定的强度时进行拆模及承受部分荷载，应经过计算，复核结构在实际荷载作用下的强度。

4）已拆除模板及其支架的结构，应在混凝土达到设计强度后，才允许承受全部计算荷载。施工中不得超载使用，严禁堆放过量建筑材料。当承受施工荷载大于计算荷载时，必须经过核算加设临时支撑。

（2）模板拆除顺序。

1）拆模的一般程序是：后支的先拆，先支的后拆；先拆除非承重部分，后拆除承重部分，并做到不损伤构件或模板。工具式支模的梁、板模板的拆除，应先拆卡具，顺口方木，侧板，再松动木楔，使支柱、桁架等降下，逐段抽出底模板和横挡木，最后取下桁架、支柱。采用定型组合钢模板支设的侧板的拆除，应先卸下对拉螺栓的螺帽及钩头螺栓、钢楞，退出要拆除模板上的U形卡，然后由上而下地一块块拆卸。框架结构的柱、梁、板的拆除，应先拆柱模板，再松动支撑立杆上的螺纹杆升降器，使支撑梁、板横楞的檩条平稳下降，然后拆除梁侧板、平台板，抽出梁底板，最后取下横楞、梁擦条、支柱连杆和立柱。

2）对于采用抽拉式以及降模方法施工的拼装大块板宜整体拆除，拆除时防止损伤模板和混凝土。对于拱、薄壳、圆弯屋顶和跨度大于8m的梁式结构，应采取适当方法使模板支架均匀放松，避免混凝土与楼板脱开时对结构的任何部分产生有害的应力。拆除圆形屋顶、漏斗形简仓的模板时，应从结构中心处的支架开始，按同心层次的对称形式拆向结构的周边。在拆除带有拉杆的拱的模板前，应先将拉杆拉紧。在拆模过程中，若发现混凝土有较大的空洞、夹层、裂缝，影响结构或构件安全等质量问题，应暂停拆除，经与有关部门研究处理后方可继续拆除。已拆除的模板及其支架的结构，应在混凝土强度达到设计强度等级后，才允许承受全部计算荷载。当施工荷载大于结构的设计荷载时，须经过核算，并设临时支撑予以加固。

（3）模板拆除要求和注意事项。模板拆除应按拟定的拆除程序进行拆模，并将拆卸的模板材料等按指定地点堆放整齐。在高空拆模时要留有足够的安全通道，要明确划定安全操作区，施工人员不得站在正拆模的下方。拆模的架子应与模板支撑系统分开架设。拆下的横板应上下有人接应，严禁乱掷下。组合钢模板拆卸的配件要及时治理、堆放、回收。已活动的连接扣件必须拆卸完毕方可停歇，如中途停止拆卸，必须把活动的配件重新拧紧。拆除模板时，不要用力过猛或硬撬，不得直接用铁锤敲力和撬杠撬板块。有钉子的模板要及时将钉子尖朝下拔掉。拆下的模板，应及时清除板面上黏结的灰浆，对变形和损坏的钢模板及配件应及时修复。对暂不使用的钢模板，板面应刷防锈油（钢模板脱模剂），背面补涂防锈漆，并应按规格分类推放，底面应垫高离地面，妥善遮盖。

第四章　钢筋工程

1.钢筋原材料质量缺陷

错误：进场钢筋原材（盘条）接头过多，表面起皮。

原因及解决方案：材料验收把关不严，将不合格品进场。可以现场对盘条进行拉直处理，降低外观质量差盘条的应用等级，只用于一些辅助性施工环节。

钢筋进场现场检验：混凝土结构工程所用的钢筋都应有出厂质量证明书或试验报告

单，每捆（盘）钢筋均应有标牌。钢筋进场时应按批号及直径分批验收，验收的内容包括查对标牌、外观检查，并按有关标准的规定抽取试样作力学性能试验，合格后方可使用。

（1）热轧钢筋的检验。

1）外观检查要求。从每批中抽取5%进行外观检查，钢筋表面不得有裂缝、结疤和折叠，钢筋表面允许有凸块，但不得超过横肋的最大高度。钢筋的外形尺寸应符合规定。

2）热轧钢筋的力学性能检验要求。同规格、同炉罐（批）号的不超过60t钢筋为一批，每批抽取5个试件，先进行重量偏差检验，再取其中2个试件进行拉伸试验（测定屈服点、抗拉强度和伸长率三项指标）和冷弯试验（以规定弯心直径和弯曲角度检查冷弯性能）。如有一项试验结果不符合规定，则从同一批中另取双倍数量的试样重做各项试验。如仍有一个试样不合格，则该批钢筋为不合格品，应降级使用。

（2）冷轧带肋钢筋的检验。冷轧带肋钢筋应按下列规定进行检查和验收：钢筋应成批验收；每批由同一钢号、同一规格和同一级别的钢筋组成，每批不大于50t，每批钢筋应有出厂质量合格证明书，每盘或每捆均有标牌；每批抽取

5%（但不少于5盘或5捆）进行外形尺寸、表面质量和重量偏差的检查。检查结果如其中有一盘或一捆不合格，则应对该批钢筋逐盘或逐捆检查。冷轧带肋钢筋的力学性能和工艺性能应逐盘（捆）进行检查，从每盘任一端截去500mm以后取两个试样，一个做抗拉强度和伸长率试验，另一个做冷弯试验。检查结果如有一项指标不合格，则该盘（捆）钢筋不合格。

（3）对有抗震要求的框架结构纵向受力钢筋进行检验时，所得的实测值应符合下列要求：

1）钢筋的抗拉强度实测值与屈服强度实测值的比值不应小于1.25。

2）钢筋的屈服点实测值与钢筋强度标准值的比值，当按一级抗震设计时，不应大于1.25；当按二级抗震设计时，不应大于1.4。

2.箍筋成品尺寸不合格，造成浪费

错误：箍筋成品尺寸不合格。

原因及解决方案：钢筋加工前未审批钢筋下料单，加工时造成大量箍筋成品尺寸不合格，无法用于施工，损失严重。

箍筋下料应该进行精密的计算，保证成品尺寸的正确。矩形箍筋下料长度计算：

箍筋下料长度=箍筋周长+箍筋调整值

箍筋周长=2×（外包宽度+外包长度）；

外包宽度=$b-2c+2d$；

外包长度=$h-2c+2d$；

b——构件横截面宽；

h——构件横截面高；

c——纵向钢筋的保护层厚度；

d——箍筋直径。

箍筋调整值见表4-1。

表4-1 箍筋调整值表

箍筋量度方法	箍筋直径（mm）			
	4~5	6	8	10~12
内皮尺寸	80	100	120	150~170
外皮尺寸	40	50	60	70

钢筋加工前，一定要严格审核下料单，其形状、尺寸应符合设计图纸的要求，其偏差应符合表4-2的规定。

表4-2 钢筋加工的允许偏差

项目	允许偏差（mm）
受力钢筋顺长度方向全长的净尺寸	±10
弯起钢筋的弯折位置	±20
箍筋内净尺寸	±5

3.钢筋搭接问题

错误： 钢筋搭接不规范。

原因及解决方案： 由于钢筋料下短了，造成必须要进行搭接处理。搭接的范围不对，应该根据抗震等级在搭接范围内搭接；搭接长度明显不够，应根据抗震等级决定搭接长度，就算在同一个截面搭接也要在搭接的基础上乘以同一截面得到搭接系数。

同一构件中相邻纵向受力钢筋的绑扎搭接接头宜相互错开。

绑扎搭接接头中钢筋的横向净距不应小于钢筋直径，且不应小于25mm。钢筋绑扎搭接接头连接区段的长度为$1.3l_l$（l_l为搭接长度），凡搭接接头中点位于该连接区段长度内的搭接接头均属于同一连接区段。同一连接区段内，纵向钢筋搭接接头面积百分率为该区段内有搭接接头的纵向受力钢筋截面面积与全部纵向受力钢筋截面面积的比值，见下图。

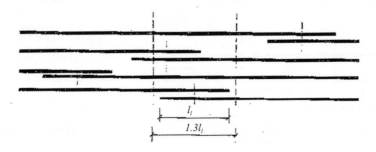

注：图中所示搭接接头同一连接区段内的搭接钢筋为两根，当各钢筋直径相同时，接头面积百分率为50%。

同一连接区段内，纵向受拉钢筋搭接接头面积百分率应符合设计要求；当设计无具体要求时，应符合下列规定。

（1）对梁类、板类及墙类构件，不宜大于25%。

（2）对柱类构件，不宜大于50%。

（3）当工程中确有必要增大接头面积百分率时，对梁类构件，不应大于50%；对其他构件，可根据实际情况放宽。

纵向受力钢筋绑扎搭接接头的最小搭接长度应符合下列规定。

（1）当纵向受拉钢筋的绑扎搭接接头面积百分率不大于25%时，其最小搭接长度应符合表4-3的规定。

表4-3 纵向受拉钢筋的最小搭接长度

钢筋类型		混凝土强度等级			
		C15	C20~C25	C30~C35	≥C40
光圆钢筋	HPB235级	45d	35d	30d	25d
带肋钢筋	HRB335级	55d	45d	35d	30d
	HRB400级、RRB400级	—	55d	40d	35d

注：两根直径不同钢筋的搭接长度，以较细钢筋的直径计算。

（2）当纵向受拉钢筋搭接接头面积百分率大于25%，但不大于50%时，其最小搭接长度应按表4-3中的数值乘以系数1.2取用；当接头面积百分率大于

50%时，应按表4-3中的数值乘以系数1.35取用。

（3）当符合下列条件时，纵向受拉钢筋的最小搭接长度应根据（1）、（2）所规定的条件确定后，按下列规定进行修正：

1）当带肋钢筋的直径大于25mm时，其最小搭接长度应按相应数值乘以系数1.1取用。

2）对环氧树脂涂层的带肋钢筋，其最小搭接长度应按相应数值乘以系数1.25取用。

3）当在混凝土凝固过程中受力钢筋易受扰动时（如滑模施工），其最小搭接长度应按相应数值乘以系数1.1取用。

4）对末端采用机械锚固措施的带肋钢筋，其最小搭接长度应按相应数值乘以系数0.7取用。

5）当带肋钢筋的混凝土保护层厚度大于搭接钢筋直径的3倍，且配有箍筋时，其最小搭接长度应按相应数值乘以系数0.8取用。

6）对有抗震设防要求的结构构件，其受力钢筋的最小搭接长度对一、二级抗震等级应按相应数值乘以系数1.15取用；对三级抗震等级应按相应数值乘以系数1.05取用。

在任何情况下，受拉钢筋的搭接长度不应小于300mm。

（4）纵向受压钢筋搭接时，其最小搭接长度应根据（1）~（3）条的规定确定相应数值后，乘以系数0.7取用。

在任何情况下，受压钢筋的搭接长度不应小于200mm。

4.剪力墙钢筋偏位

错误：剪力墙纵向钢筋偏位严重。

原因及解决方案：剪力墙厚度为200mm，保护层厚度15mm，考虑到箍筋及拉筋影响模板的问题，剪力墙纵向钢筋笼尺寸应保证在150~160mm之间，现场钢筋笼尺寸偏小，仅为130~140mm，导致墙梁交接位置钢筋过密，同时梁的有效宽度也受到一定程度的削弱，造成混凝土浇筑及振捣不便。浇筑混凝土时，工人为方便浇筑及振捣，用钢管撬钢筋笼导致钢筋移位，浇筑完毕后值班人员未及时将钢筋复位，造成最终钢筋移位。同时现场剪力墙定位箍筋下料长度及箍筋的绑扎都未达到要求。

位移较小的，采用不大于1：6的角度弯至设计位置就可以了。如果较严重的话采取植筋的方法处理，植入的钢筋规格、数量不小于位移钢筋的规格、数量。预留长度不小于钢筋搭接长度。植筋要做拉拔试验合格才行。

对于这个问题的处理，有人提出将钢筋根部混凝土凿掉，然后采用不大于1：6的角度弯至设计位置。但实际做起来很困难，因大部分柱或剪力墙根部有相关的框架梁钢筋很密，凿起来很困难，而且破坏了梁的整体性。

5.柱筋偏移较大（150mm）

错误：此柱子是一个独立基础，为主受力柱，现在柱子出现严重的错位，柱筋向外错位了150mm。

原因及解决方案：在独立柱的施工中，由于工人在钢筋绑扎时看错中心线，导致柱整体偏位150mm。

由于该柱筋偏移达150mm以上，已经无法采用简单的1：6弯折调整，弯折后将存在严重的结构稳定性隐患。应该重新计算偏心距的问题，如果计算结果

在允许范围之内，则可以采取植筋措施补救；如果超出允许范围，还可以用千斤顶将独立基础顶回原位置即可，不过这样要将该基础全部挖出，工作量比较大。

6.柱筋偏移较小（15mm以内）

错误： 柱子普遍存在偏移，最大达15mm。

原因及解决方案： 在施工过程中，未严格按照施工规范进行操作，且柱筋未采取有效的固定措施，导致柱筋发生偏移。

如果柱筋放样时没有偏移，只是因为浇注混凝土未固定住钢筋导致柱位偏移，说明柱底部钢筋不是偏差得很多，可以采用人工扳的方式进行调整，必要的时候凿掉一点混凝土再进行弯折；如果偏差太大，只能采取钻孔植筋的方法进行调整了。

7.违规采用气烤方式纠偏框架柱钢筋

错误： 柱筋纠偏方式错误。

原因及解决方案： 如此做法很难保证纵向钢筋质量，这种做法不符合施工规范，会形成质量隐患。出现这种做法，一般是施工人员责任心不到位、野蛮施工所致。从根源上说，框架梁钢筋位移主要是施工单位管理不到位所致。因而出现了上述问题，本来是有办法（措施）进行处理的，而施工单位却违规擅自处理，结果造成了更大的问题。该做法是钢筋用气烤了后弯折的，弯折角度太大，弯折角度应该控制在1：6。

一般而言，柱、剪力墙竖向钢筋发生位移一般有两个原因：①放线的偏差，这个原因较少见，一般放线的技术员都很仔细，出现错误的概率较小；②现场混凝土工素质低，为了浇筑混凝土方便，擅自挪移钢筋，导致竖向偏差。这种错误在实际施工中较为多见。钢筋绑扎不牢，浇筑混凝土的工人浇筑、振捣完了也不给扶正。一般在浇筑混凝土时，若有钢筋工在现场，随时调整钢筋位置，能很大程度避免这种情况。

在发生纵向钢筋偏移情况后，应该根据不同的严重程度来制定相应的纠偏调整措施，从实际施工的角度出发，常见的调整方法有以下几种。

（1）如果偏移不多的话，在支模的时候用垫块顶着点，也就是说若原有钢筋的偏移造成了钢筋的保护层不够，通过此种方法可以有效地调整钢筋的这种很小的偏移，这也是施工中常用的方法。

（2）如果偏移较大，但还在控制范围之内的话，那么可以把主筋钢筋打1：6的弯折角度，弯到正确的位置即可。或者是沿钢筋往下开凿一定深度，一般50~60mm，然后按照1：6的角度进行弯折。

（3）如果钢筋偏移比较大，已经无法采用弯折的调整方法，则一般要进行植筋处理。

1）对于一侧位移（20mm内）采用加固的形式；两侧发生位移的一侧采用植筋的方法，另一侧采用加固的方法；对于柱钢筋向外位移30~50mm采取剔槽弯曲同植筋绑扎搭接的方法。

2）对于两侧位移的钢筋一侧采取结构植筋的方法，指定有相应资质的植筋单位进行施工，钢筋规格采用同规格的HRB335级钢筋。

3）植筋深度一般不小于21d。

4）植筋所用锚固胶的锚固性能要通过专门的试验确定，对获准使用的锚固胶，除说明书规定可以掺入定量的掺和剂（填料）外，现场施工中不宜随意增添掺料。

5）同规格、同型号，基本相同部位的植筋组成一个检验批。抽样数量按每批植筋总数的0.1%计算，且不小于3根。采取现场非破损拉拔试验。

6）植筋置入锚孔后，要进行固化养护，固化期间禁止扰动。

8.柱子钢筋一次纠偏过多

错误： 柱子钢筋移位较大，一次纠偏过多。

原因及解决方案： 施工人员随便按1：6（纵向长度6、扳正1的比例）扶正，也未作其他处理。如果偏移较大，纵向钢筋仅靠这样扳正，必然会给结构留下较大的质量隐患。

这种纠偏方法是利用浇捣上层柱子来纠正柱子钢筋的偏差。由于柱子偏差较多，一般不宜一次纠正到位，以避免柱子产生过大偏移，形成突变，对结构的正常受力、建筑外形和安全都会产生不利影响。因此应采用逐层纠偏的方法，即根据浇筑层上面的层数和层高，层层逐步纠偏，这样可以保证结构受力合理、安全，对建筑立面外形的影响也较小。

9.地梁钢筋贯穿不了

错误： 地梁的钢筋按照设计是应该贯穿的，结果遇到承台中间有个钢立柱挡住了，钢筋无法贯穿。

原因及解决方案： 这个是内支撑容易遇到的问题，产生这个问题主要有两个原因，第一个是设计的原因，设计的时候就冲突；第二个是施工的时候打偏了。遇到这样的问题，通常找设计方效果不是很好，建议监理、业主、施工三方坐在一起协商一个处理方案，例如局部加强、局部焊接通过、局部附加钢筋等。在实际施工中，也有人将不能贯通的钢筋截断并焊接在钢立柱上，在旁边可以贯通钢筋的地方增加钢筋，并使用高一强度等级的混凝土浇筑。

对于此问题来说，可以先搞清楚做基坑支护设计的有没有考虑这钢柱地方的承台是和地下室整体一起浇注，还是留着后期浇注。如果是前者，那么钢柱就会留在承台内，此时基础梁底部钢筋不用穿过钢柱，它的锚固长度够了，梁上部钢筋要穿过承台被钢柱挡住了，此时可以加附加钢筋解决问题，无非是力学上梁支座上部受拉作用，要有足够钢筋抗弯矩就可以了，穿不过没关系，加附加钢筋或扁铁就能满足要求，至于说焊在钢柱上那只是考虑锚固而已。单纯考虑锚固也不用焊在柱上，承台内大把位置可以保证锚固长度。如果要取出钢柱，此时承台就要后浇了，那么此处的梁也后浇，钢筋等钢柱取出后加上去，也就不存在梁钢筋穿不过的问题了。

10.剪力墙水平筋锚入暗柱问题

错误： 水平筋锚入暗柱方法错误。

原因及解决方案： 水平筋是在暗柱纵筋内侧伸入的，图片上的做法是不正确的。通常剪力墙水平钢筋都是锚固在外侧，如果伸入暗柱竖向钢筋内侧时，需要向内弯折，这样会形成钢筋笼"缩颈"。如果整个建筑是剪力墙结构，那么地下室外墙是剪力墙的一部分，水平筋是受力钢筋，应该按照剪力墙水平筋的做法拉通处理。如果整个建筑不是剪力墙结构，那么地下室外墙只是挡土墙，水平筋是构造钢筋，锚固进暗柱即可。

剪力墙的"暗柱"不是通常意义上的柱，它只是剪力墙的一部分构造措施而已。在计算剪力墙竖向承载力时，是不考虑暗柱比普通墙体大出的承载力的。因此在计算剪力墙水平筋和梁筋时要有意"忽略"暗柱，将暗柱看做普通剪力墙，必须深入到端部再加15d弯钩（不论暗柱箍筋是多大，剪力墙水平筋与暗柱箍筋不存在"搭接"）。至于梁筋，梁底下必有洞口，锚固长度从洞口边缘算起，够一个锚固长度即可，不需要15d弯钩。

11.柱子主筋被截断如何处理

错误： 六层框架楼，有五根柱主筋在一层顶板处全部截断。

原因及解决方案： 由于施工人员不负责任，为了方便施工，强行将柱钢筋割断。

在处理时，若钢筋直径大于25mm就用矿渣压力焊接，要保证焊接的质量，最好采用承压套管连接；小于25mm的话就打掉下面1/3的混凝土，进行搭接连接，最好点焊，保证1.6lae（lae为抗震结构纵向受拉钢筋锚固长度）×0.7（最小搭接系数）的搭接以上，采用双面焊接承担主承载力的剪切效应相对大了点，非主要承载力可采用双面焊接。

12.柱截面尺寸变小的处理

错误：为了施工方便，强行改变原有柱子的结构。

原因及解决方案：柱子中间有一地梁穿过，所以施工单位对一侧的钢筋进行弯曲来调整截面大小。这样施工，柱截面尺寸减小自不必说，钢筋受力后已经存在了偏心，就是上部结构与柱交接可能都受影响。此问题是由于施工顺序错误所导致的，应该在地梁施工时，将地梁钢筋锚入柱子中即可。

13.构造柱施工法错误

错误： 典型构造柱施工法错误。

原因及解决方案： 在混凝土浇筑过程中，钢筋工未及时纠正，待混凝土强度值达到后，形成无法挽回的错误。现场实勘后确定化学植筋处理方案。

构造柱施工工艺： 构造柱的截面尺寸和配筋应满足设计要求。当设计无要求时，构造柱截面最小宽度不得小于200mm，厚度同墙厚，纵向钢筋不应小于4φ10，箍筋可采用φ6@200。纵向钢筋顶部和底部应锚入混凝土梁或板中。浇筑主体混凝土时应准确测量构造柱纵筋位置，为确保钢筋位置准确，可以采用后植筋法预埋构造柱纵筋。若采用后植筋法施工，钻孔深度60mm，植筋前先用吹筒吹净孔内粉尘，然后注满结构胶液或环氧树脂液，再植入钢筋。

14.柱子接槎处理不到位

错误： 柱子接槎部位处理不到位，浮浆未剔除，柱头钢筋污染。

原因及解决方案： 施工人员马虎施工，不按照规范操作，导致柱子接槎处未处理好，影响下一步施工。柱接槎部位一定要凿毛，在实际施工中，通常的做法是在混凝土没有完全硬化前在接槎处使用工具剔除出毛面，这样比较省时省力。

15.梁钢筋偷工减料，留槎错误

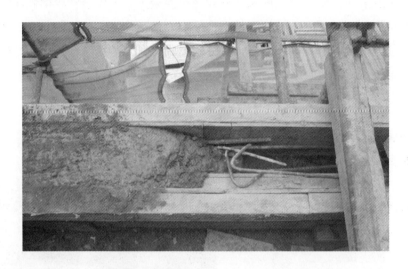

错误：梁混凝土留槎错误，少钢筋。

原因及解决方案：梁钢筋少放3根，而且未绑扎，存在重大质量隐患。由于钢筋缺少，因此该梁必须凿除后，重新绑扎钢筋，浇筑混凝土。

混凝土施工缝是指先浇混凝土已凝结硬化，再继续浇注混凝土而形成的新旧混凝土间的结合面，它是结构的薄弱部位，因而宜留在结构受剪力较小且便于施工的部位。一般情况下，柱应留水平缝，梁板墙应留垂直缝（一般梁留在1/3L处，单向板留置在平行于长边的任何位置）。

16.钢筋未恢复就浇筑混凝土

错误： 吊装钢模板过程中，梁钢筋未恢复就浇筑混凝土。

原因及解决方案： 梁钢筋未恢复就浇筑混凝土，不仅会影响梁截面尺寸，而且保护层厚度、梁中心轴位置都无法保障，甚至会影响到结构安全。在浇筑混凝土前，应该对绑扎的钢筋进行恢复和加固，尤其是对于柱、梁等结构性构件，一定要保证其结构尺寸与位置，确保建筑物的物理结构不被破坏。

17.直螺纹连接不规范

错误： 钢筋螺纹连接不规范。

原因及解决方案： 直螺纹连接不到位，直螺纹接头外露螺纹偏多，有的套筒和钢筋直径不配套。对于连接不合格的接头，必须拆除后进行二次连接。

（1）钢筋直螺纹连接加工与安装时要注意以下几个问题。

1）丝头加工长度为标准型套筒长度的1/2，其公差为+2P（P为螺距）。

2）连接钢筋时，检查套筒和钢筋的规格是否一致，钢筋和套筒的螺纹是否干净、完好无损，连接套筒的位置、规格和数量应符合设计要求。经检查无误后拧下钢筋丝头保护帽和套筒保护帽，手工将两待接钢筋的丝头拧入套筒中二、三扣，以钢筋不脱离套筒为准，然后由两名操作工人各持一把力矩扳手，一把咬住钢筋，一把咬住套筒，检查两钢筋丝头在连接套两端外露应尽量一致，并保证偏差量不大于1P（P为螺距），两把力矩扳手共同用力直到接头拧紧。对已经拧紧的接头做标记，与未拧紧的接头区分开。

（2）直螺纹钢筋接头的安装质量应符合下列要求。

1）安装接头时可用管钳扳手拧紧，应使钢筋丝头在套筒中央位置相互顶紧。标准型接头安装后的外露螺纹不宜超过2P。

2）安装后应用扭力扳手校核拧紧扭矩，拧紧扭矩值应符合表4-4的规定。

表4-4　直螺纹钢筋接头安装时的最小拧紧扭矩值

钢筋直径（mm）	≤16	18~20	22~25	28~32	36~40
拧紧力矩（N·m）	100	200	260	320	360

3）校核用扭力扳手的准确度级别可选用10级。

4）钢筋连接应做到表面顺直、端面平整，其截面与钢筋轴线垂直，不得歪斜、滑丝。

5）对个别经检验不合格的接头，可采用电弧焊贴角焊缝方法补强，但其焊缝高度和厚度应由施工、设计、监理人员共同确定，持有焊工考试合格证的人员才能施焊。

18. 螺纹加工不够长

错误：钢筋$d=25$mm，螺纹加工不够长。

原因及解决方案：钢筋螺纹加工不到位，影响后续连接质量。

（1）钢筋同径连接的加工要求应符合表4-5的规定。

表4-5　钢筋同径连接的加工要求

直径（mm）	20	22	25	28	32	36	40
螺纹长度(mm)	30	32	35	38	42	46	50

（2）直螺纹接头的现场加工应符合下列规定。

1）钢筋端部应切平或镦平后再加工螺纹。

2）镦粗头不得有与钢筋轴线相垂直的横向裂纹。

3）钢筋丝头长度应满足企业标准中产品设计要求，公差应为0~2p（p为螺距）。

4）钢筋丝头宜满足6f级精度要求，应用专用直螺纹量规检验，通常能顺利旋入并达到要求的拧入长度，止规旋入不得超过3p。抽检数量10%，检验合格率不应小于95%。

（3）直螺纹加工质量检查可以从以下几个方面进行。

1）连接套必须逐个检查，要求管内螺纹圈数、螺距、齿高等必须与锥纹校验塞规相咬合；丝扣无损破、歪斜、不全、滑丝、混丝等现象，螺纹处无锈蚀。

2）目测牙形饱满，压顶宽超过0.75mm的秃牙部分累计长度不超过1/2螺纹周长。

3）丝扣长度检查：长度不小于连接套的1/2，允许偏差±2mm。

19.柱筋的套丝外露过多

错误： 拧紧后外露丝扣过多。

原因及解决方案： 一般来说，套丝机调好了套丝长度都是固定的，如果没有出现大范围的套丝外漏过多的话跟加工就没有多少关系，主要还是现场连接时工人偷懒，连接未拧紧。根据《钢筋机械连接技术规程》（JGJ 107—2010）中的规定，旋紧后丝扣外露不应超过2丝，一端露出这么多，肯定旋入不到位，中间的空隙过大，将大大降低钢筋的受力性能。

在实际施工中，这种错误出现的几率较高，往往都是因为施工人员责任心不到位，或者疏忽大意所导致的，可以从以下两个方面加以防止。

（1）按规定的力矩值，用力矩扳手拧紧接头，应使钢筋丝头在套筒中央位置相互顶紧，标准型接头安装后的外露螺纹不宜超过2p。

（2）连接完的接头必须立即用油漆做上标志，防止漏拧。

此外，在钢筋接头安装连接之后，应该进行检查，避免出现质量问题。随机抽取同规格接头数的10%进行外观检查，应满足钢筋与连接套的规格一致。

20.柱筋排距及焊接问题

错误：上左图存在以下几个问题。

（1）拉结筋弯勾角度成90°，应为135°。

（2）转角柱左起第三根纵筋距竖直段不宜大于100mm。

（3）第一排水平筋应距基准面50mm左右。

（4）墙根楼面处应凿毛。

（5）绑扎搭接位置在墙根部，对非抗震可以，对抗震则不可。

（6）同截面内纵筋搭接率不能超过50%，错开距离不小于35d，且大于500mm。

（7）绑扎搭接范围箍筋未加密。

上右图存在以下几个问题。

（1）框架柱接头应错开箍筋加密区。

（2）混凝土有缺棱角现象，凿毛面没处理好。

原因及解决方案：由于现场施工人员未严格按照施工规范要求进行操作，导致柱子钢筋间距发生位移，同时焊接区域也不正确。

对于标准层施工而言，一般的框架柱接头位置应高出楼面混凝土面500mm、1/6柱净高、柱的长边尺寸，三者取较大值。同截面内接头率不能大于50%。

21.钢筋焊接通病

错误：接头偏心、焊包成形不良。

原因及解决方案：施工人员操作不规范，导致焊接接头质量不合格。

对于不合格的接头，应全部返工，重新焊接。

在实际施工中，钢筋的对接焊是出现质量问题较多的地方，应该充分引起施工人员的重视，常见的质量通病有以下几个方面。

（1）钢筋闪光对焊未焊透。

1）现象：焊口局部区域未能相互结晶，焊合不良，接头镦粗变形量很小，挤出的金属生刺很不均匀，多集中于焊口，并产生严重的胀开现象；从断口上可看到如同有氧化膜的黏合面存在。

2）防治。

①适当限制连续闪光焊工艺的使用范围。

②重视预热作用，掌握预热要领，力求扩大沿焊件纵向的加热区域，缩小温度梯度。

③采用正常的烧化过程，使焊件获得符合要求的温度分布，尽可能平整的端面及比较均匀的熔化金属层，为提高接头质量创造良好条件。具体做法是：第一，选择合适的烧化留量，保证烧化过程有足够的延续时间。当采用闪光—预热—闪光焊工艺时，一次烧化留量等于钢筋端部不平度加上断料时刀口严重压伤区段，二次烧化留量宜不小于8mm；当采取连续闪光焊工艺时，其烧化留

量相当于上述两次烧化留量之和。第二，采取变化的烧化速度，保证烧化过程具有慢—快—更快的非线性加速度方式，平均烧化速度一般可取为2mm/s。当钢筋直径大于25mm时，因沿焊件截面加热的均衡性减慢，烧化速度应略微降低。

④避免采用过高的变压器级数施焊，以提高加热效果。

3）处理：对不符合要求的全部返工重焊。

（2）钢筋闪光对焊接头弯折或偏心。

1）现象：接头处产生弯折，折角超过规定或接头处偏心，轴线偏移大于0.1d或2mm。

2）防治。

①钢筋端头弯曲时，焊前应予以矫直或切除。

②保持电极的正常外形，变形较大时应及时修理或更新，安装时应力求位置准确。

③夹具如因磨损晃动较大，应及时维修。

④接头焊毕，稍冷却后再小心移动钢筋。

3）处理：对不符合要求的全部返工重焊。

（3）电渣压力焊接头偏心和倾斜。

1）现象：弯折角度大于40°，轴线偏听偏移大于0.1d或2mm。

2）防治。

①钢筋端部歪扭和不直部分应事先矫正或切除，端部歪扭的钢筋不得焊接。

②两钢筋夹持于夹内，上下应同心，焊接过程中，上钢筋应保持垂直和稳定。

③夹具的滑杆和导管之间如有较大间隙，造成夹具上下不同心时，应修理后再用。

④钢筋下送加压时，顶压力要恰当。

⑤焊接完成后，不能立即卸下夹具，应在停焊后约两分钟再卸夹具，以免钢筋倾斜。

3）处理：对超过标准要求的全数返工重焊。

（4）电渣压力焊钢筋咬边。

1）现象：上钢筋与焊包交接处出现缺口。

2）防治。

①严格按钢筋直径确定焊接电流。

②端部熔化到一定程度后，上钢筋迅速下送，适当加大顶压量，以便使钢筋端头在熔池中压入一定程度，保持上下钢筋在熔池中有良好的结合。

③焊接通电时间与钢筋直径大小有关，如焊接25mm钢筋，通电时间为电弧过程21s、电渣过程6s，焊接通电时间不能过长，应根据所需熔化量适当控制。

3）处理：出现缺口系数割除重焊。

（5）电渣压力焊钢筋未熔合。

1）现象：上下钢筋在接合面处没有很好地熔合在一起。

2）防治。

①在引弧过程中应精心操作，防止操纵杆提得太快和过高，以免间隙太大发生断路灭弧；但也应防止操纵杆提得太慢，以免钢筋短路。

②适当增大焊接电流和延长焊接通电时间，使钢筋端路得到适宜的熔化量。

③及时修理焊接设备，保证正常使用。

3）处理：发现未熔合缺陷时，应切除重新焊接。

（6）电渣压力焊焊包成形不良。

1）现象：焊包上翻、下流。

2）防治。

①为防止焊包上翻，应适当减少焊接电流或加长通电时间，加压时用力适当，不能过猛。

②焊剂盒的下口及其间隙用石棉垫封塞好，防止焊剂泄漏。

3）处理：对不符合电渣压力焊验收规范要求的应切除重焊。

（7）钢筋表面烧伤。

1）现象：钢筋夹持处产生许多烧伤斑点或小弧坑，Ⅱ级钢筋表面烧伤后在受力时容易发生脆断。

2）防治。

①焊前应将钢筋端部120mm范围内的铁锈和油污清除干净。

②夹具电极上黏附的熔渣及氧化物清除干净。

③焊前应把钢筋夹紧。

3）处理：对烧伤严重的钢筋应切除换钢筋后重焊；对不影响整体质量的允

许同规格钢筋绑扎，长度为上下各40d。

22.钢筋搭接问题

错误：钢筋搭接不规范。

原因及解决方案：现场工人对于钢筋绑扎搭接规范不了解，搭接不符合施工规范要求，钢筋搭接接头未错开，绑扎长度不够。

对于钢筋普通绑扎搭接，应该按照以下几点进行操作和控制。

（1）同一构件中相邻纵向受力钢筋的绑扎搭接接头宜相互错开。绑扎搭接接头中钢筋的横向净距不应小于钢筋直径，且不应小于25mm。钢筋绑扎搭接接头连接区段的长度为$1.3l_l$（l_l为搭接长度），凡搭接接头中点位于该连接区段长度内的搭接接头均属于同一连接区段。同一连接区段内，纵向钢筋搭接接头面积百分率为该区段内有搭接接头的纵向受力钢筋截面面积与全部纵向受力钢筋截面面积的比值，最小搭接长度按照表4–3中的规定取用。

当纵向受拉钢筋搭接接头面积百分率大于25%但不大于50%时，其最小搭接长度应按表4–3中的数值乘以系数1.2取用；当接头面积百分率大于50%时，应按表4–3中的数值乘以1.35取用。

（2）同一连接区段内，纵向受拉钢筋搭接接头面积百分率应符合设计要求；当设计无具体要求时，应符合下列规定：

1）对梁类、板类及墙类构件，不宜大于25%。

2）对柱类构件，不宜大于50%。

3）当工程中确有必要增大接头面积百分率时，对梁类构件，不应大于50%；对其他构件，可根据实际情况放宽。

23.钢筋搭接焊问题

错误：钢筋搭接焊不符合质量规范要求。

原因及解决方案：现场操作工人质量意识不强，钢筋搭接焊接完全不按照规范施工，导致焊接质量不合格。

出现这种情况，只能是调整后重新焊接。

（1）钢筋搭接焊特点与要求。

搭接焊接头适用于焊接直径10~40mm的HPB235、HRB335、HRB400钢筋。钢筋搭接焊宜采用双面焊。不能进行双面焊时，可采用单面焊。焊接前，钢筋应预弯，以保证两钢筋的轴线在一直线上，使接头受力性能良好。

钢筋搭接焊接头的焊缝厚度 h 应不小于0.3倍主筋直径；焊缝宽度 b 不应小于0.7倍主筋直径。对于直径大于等于10mm的热轧钢筋，其接头采用搭接电弧焊时，应符合下列要求：焊接接头当设计有要求时应采用双面焊缝，无特殊要求时一般可采用单面焊缝。对于Ⅰ级钢筋的搭接焊的焊缝总长度应不小于8 d；对于Ⅱ、Ⅲ级钢筋，其搭接焊的焊缝总长度应不小于10 d，具体可参考表4-6中规定的数值。

表4-6　钢筋搭接焊搭接长度

钢筋牌号	焊缝形式	帮条长度
HPB235	单面焊	≥8 d
	双面焊	≥4 d
HRB335 HRB400 RRB400	单面焊	≥10 d
	双面焊	≥5 d

（2）在实际施工中，可以参考以下几个方面进行现场指导。

1）焊接时，引弧应在垫板、帮条或形成焊接缝的部位进行，不得烧伤主筋。

2）焊接地线与钢筋应接触紧密。

3）焊接过程中应及时清渣，焊缝表面应光滑，焊缝余高应平缓过渡，弧坑应填满。

4）搭接焊时，采用单面焊和双面焊。单面焊搭接长度大于等于10d，双面焊搭接长度大于等于5d。

5）搭接焊接头的焊缝厚度s不应小于主筋直径的0.3倍；焊缝宽度b不应小于主筋直径的0.7倍。

6）搭接焊接头示意见下图。

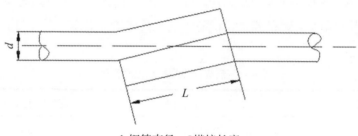

d–钢筋直径；L搭接长度。

24.闪光对焊未受力就断了

错误： 闪光对焊未受力就断了。

原因及解决方案： 主要有两个原因，一个是钢筋未完全熔透，二是焊包高度不够。处理办法就是在接头部位搭接一根同等规格的钢筋，但应符合锚固长度，而且要在混凝土浇筑之前，如果只是一根的话，其他闪光对焊质量可以，那么应该不会出现太大  问题，因为搭接接头都是错开的，不过，这种情况的出现要对现场操作人员进行教育、培训，避免将来出现更大的问题。

现场闪光对焊出现问题最多的是连续闪光焊，主要有两个方面的原因。

（1）焊接工艺方法应用不当。比如，对断面较大的钢筋理应采取预热闪光焊工艺施焊，但却采用了连续闪光焊工艺。

（2）焊接参数选择不合适：特别是烧化留量太小，变压器级数过高以及烧化速度太快等，造成焊件端面加热不足，也不均匀，未能形成比较均匀的熔化金属层，致使顶锻过程生硬，焊合面不完整。

防治措施：

（1）适当限制连续闪光焊工艺的使用范围。钢筋对焊焊接工艺方法宜按下列规定选择。

1）当钢筋直径≤25mm，钢筋级别不大于Ⅲ级，采用连续闪光焊。

2）当钢筋直径＞25mm，钢筋级别大于Ⅲ级，且钢筋端面较平整，宜采用预热闪光焊，预热温度约1450℃，预热频率宜用2~4次/秒。

3）当钢筋端面不平整，应采用闪光—预热—闪光焊。连续闪光焊所能焊接的钢筋范围，应根据焊机容量、钢筋级别等具体情况而定，并应符合表4-7的规定。

表4-7　连续闪光焊钢筋上限直径

焊机容量（kV·A）	钢筋牌号	钢筋直径（mm）
160（150）	HRB235 HRB335 HRB400 RRB400	20 22 20 20
100	HRB235 HRB335 HRB400 RRB400	20 18 16 16
80（75）	HRB235 HRB335 HRB400 RRB400	16 14 12 12
40	HRB235 Q235 HRB335 HRB400 RRB400	10

25.箱梁施工中钢筋闪光对焊问题

错误：钢筋闪光对焊不合格，对接轴线不在同一直线上，接头处存在较大的弯折角。

原因及解决方案：现场操作人员为了图省事，直接将钢筋掰歪后进行焊接，影响焊接质量。对于不合格的对焊接头，必须切割后将钢筋进行处理后，重新焊接。

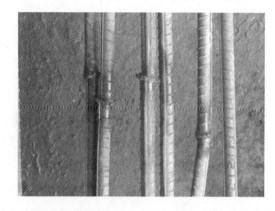

（1）闪光对焊工艺。

闪光对焊工艺流程：检查设备—选择焊接工艺及参数—试焊、作模拟试件—送试—确定焊接参数—焊接—质量检验。

闪光对焊分为连续闪光焊、预热闪光焊和闪光—预热—闪光焊三种，具体对焊工艺方法如下。

1）连续闪光焊：将工件夹紧在钳口上，接通电源后，使工件逐渐移近，端面局部接触；工件端面的接触点在高电流作用下迅速熔化、蒸发、爆破，呈高温粒状金属从焊口内高速飞溅出来，当旧的接触点爆破后又形成新的接触点，这就形成一个连续不断的爆破过程，并伴随着工件金属的烧损，因而称之为烧化或闪光过程。为了保证连续不断的闪光，随着金属的烧损，工件需要连续不断地送进，即以一定的送进速度来适应焊接过程的熔化速度。工件经过一定时间的烧化，使其焊口达到一定的温度，并使热量扩散到焊口两边，形成一个具有一定宽度的温度区，然后在撞击式的顶锻压力作用下液态金属排挤在焊口之外，使工件焊合在一起，并在焊口周围形成大量的毛刺；由于热影响区较窄，故在结合面周围形成较小的凸起，钢筋最大直径：Ⅰ级钢为 $\phi 20$，Ⅱ级钢为 $\phi 18$，Ⅲ级钢为 $\phi 16$。

2）预热闪光焊：也就是在连续闪光焊前附加预热阶段，即将夹紧的两个工件，在电源闭合后开始以较小的压力接触，然后又离开，这样不断地断开又接触，每接触一次，由于接触电阻及工件内部电阻使焊接区加热，拉开时产生瞬时闪光。经上述反复多次，接头温度逐渐升高形成预热阶段。焊件达到预热温度后进入闪光阶段，随后以顶锻而结束。钢筋直径较粗时，宜采用预热闪光焊。

3）闪光—预热—闪光焊：在钢筋闪光对焊中，钢筋多数采用切断机断料，断部易出现压伤痕迹，个别呈马蹄形，有时原料端不直和不够平整，这时宜采用闪光—预热—闪光焊，此方法就是在预热闪光之前，预加闪光阶段，其目的就是把钢筋端部压伤部分除去，使其端面达到比较平整，使整个断面上加热温度比较均匀。

（2）焊接工艺参数选择。

1）调伸长度：它影响加热条件和塑性变形，选择原则是从减少向电极的散热、确保顶锻时焊件加热部分的刚度以及焊口加工的可能性等方面考虑。当长度过小，随向电极散热的增加易使加热区变窄，不利于塑性变形，顶锻时所需压力较大；当长度过大时，则使加热区变宽，电能消耗大；当焊件较细时容易产生弯曲。调伸长度取值为：Ⅰ级钢筋为$0.75d~1.25d$，Ⅱ级钢筋为$1.0d~1.5d$，直径较小的钢筋宜取较大的值。

2）闪光留量：即烧化留量，为了满足焊件均匀加热的要求，若采用余热闪光焊，则其烧化留量可比连续闪光焊时小30%~50%，若焊件直径较粗，则闪光留量要增大。钢筋采用连续闪光焊的烧化留量等于两钢筋切断时严重压伤部分之和另加8mm，预热闪光焊时烧化留量为8~10mm，闪光—预热—闪光焊时，一次烧化留量等于两钢筋切断时的严重压伤部分之和，二次烧伤留量不宜大于8mm，钢筋越粗，所需的闪光留量越大。

3）闪光速度：闪光速度应随着钢筋直径的增大而降低，在闪光过程中闪光速度由慢到快，一般是从0~1mm/s到1.5~2.0mm/s，闪光时要求稳定张裂，以防止焊缝金属氧化。

4）顶锻速度：顶锻开始的0.1秒内应将钢筋压缩2~3mm，以使焊口闭合，保护焊缝金属免受氧化。在火口紧密封闭之后，应在每秒压缩量不小于6mm的速度下完成整个顶锻过程，顶锻速度应越快越好。

5）顶锻压力：顶锻压力的大小是保证液体金属全部挤出，并使焊件对口产生适当的变形的关键。顶锻压力应随钢筋直径的增大而增加，顶锻应在足够大的压力下快速完成。

6）顶锻留量：顶锻留量是指在闪光过程结束，将钢筋顶锻压紧后接头处挤出金属而缩短的钢筋长度。顶锻留量随着钢筋直径增加而增加，一般连续闪光焊为4.5~6.5mm，闪光—预热—闪光焊为5~8mm。其中有电顶锻留量约占2/3。

7）焊接变压器级数选择：焊接变压器级数可用调节通过钢筋端部的焊接电

流来控制。焊接的钢筋直径大，选择的变压器级数要求就高，如UN1-100型对焊机，变压器节数就有8级。一般在Ⅲ级到Ⅶ级内调节。

8）焊接预热时间选择：要根据钢筋级别及其直径大小来决定，预热接触时间宜介于0.5~2秒/次内选择，预热间隙时间应大于每次预热的接触时间。

（3）质量标准。

1）钢筋的品种和质量必须符合设计要求和有关标准的规定。进口钢筋需先经过化学成分检验和焊接试验，符合有关规定后方可焊接。

2）钢筋的规格、焊接接头的位置，同一截面内接头的百分比，必须符合设计要求和施工规范的规定。

3）对焊接头的力学性能检验必须合格。力学性能检验时，应从每批接头中随机切取6个试件，其中3个做拉伸试验，3个做弯曲试验。在同一台班内，由同一焊工完成的300个同级别、同直径钢筋焊接接头作为一批。若同一台班内焊接的接头数量较少，可在一周之内累计计算。若累计仍不足300个接头，则应按一批计算。

4）接头处不得有横向裂纹。

5）与电极接触处的钢筋表面不得有明显烧伤，Ⅳ级钢筋焊接时不得有烧伤。

6）接头处的弯折角不得大于3°。

7）接头处的轴线偏移不得大于钢筋直径的0.1倍，且不得大于2mm。

（4）闪光对焊常见的质量问题与防治措施见表4-8。

表4-8 钢筋对焊异常现象、焊接缺陷及防止措施

项次	异常现象和缺陷种类	防止措施
1	烧化过分剧烈，并产生强烈的爆炸声	1.降低变压器级数 2.减慢烧化速度
2	闪光不稳定	1.消除电极底部和表面的氧化物 2.提高变压器级数 3.加快烧化速度
3	接头中有氧化膜、未焊透或夹渣	1.增加预热程度 2.加快临近顶锻时的烧化速度 3.确保带电顶锻过程 4.加快顶锻速度 5.增大顶锻压力

项次	异常现象和缺陷种类	防止措施
4	接头中有缩孔	1.降低变压器级数 2.避免烧化过程过分强烈 3.适当增大顶锻留量及顶锻压力
5	焊缝金属过烧或热影响区过热	1.减少预热程度 2.加快烧化速度，缩短焊接时间 3.避免过多带电顶锻
6	接头区域裂纹	1.检验钢筋的碳、硫、磷含量；若不符合规定，应更换钢筋 2.采取低频预热方法，增加预热程度
7	钢筋表面微熔及烧伤	1.清除钢筋被夹紧部位的铁锈和油污 2.清除电极内表面的氧化物 3.改进电极槽口形状，增大接触面积 4.夹紧钢筋
8	接头弯折或轴线偏移	1.正确调整电极位置 2.修整电极钳口或更换已变形的电极 3.切除或矫直钢筋的弯头

26.连续闪光对接焊接头的焊块问题

错误：对于焊接接头焊渣与焊瘤的区别不够清晰；另外个别对焊质量不合格，主要是接头偏心。

原因及解决方案：焊渣肯定是要清掉的，好比电焊留下的焊渣一样会脱层，但焊瘤是不能敲掉的。焊渣是药皮或是埋弧焊的药在表面凝固形成，一般比

重比焊块要轻，所以浮在表面。它如果没有浮出的话，夹在焊缝里面就形成了夹渣缺陷。焊瘤是指焊缝过宽，它流淌到母材表面和母材没有良好地熔合在一起，边缘一般都存在未熔合，或是背面焊接过度渗透，形成焊瘤。

27.连梁箍筋调整问题

错误： 连梁箍筋有误，采用电焊割断，操作不规范。

原因及解决方案： 操作工人图省事，采用不合理的方式调整箍筋，既浪费材料，又存在质量隐患。应将这些箍筋仔细清理出来，重新进行绑扎或者焊接，同时注意保持主筋间距与完整性。

28.不合格的电渣压力焊

错误： 电渣压力焊接不合格。

原因及解决方案： 焊包不饱满、钢筋对接偏心、焊包偏心是最突出的质量问题，且已经严重超过国家技术规范的允许偏差的范围，这些是必须进行整改的。工程建设中电渣压力焊的运用较为广泛，在施工时一定要严格按照要求进行操作。

（1）电渣压力焊特点与应用。

1）电渣压力焊适用于现浇钢筋混凝土结构中竖向或斜向（倾斜度在4∶1范围内）钢筋的连接。

2）电渣压力焊焊机容量应根据所焊钢筋直径选定。

3）焊接夹具应具有足够刚度，在最大允许荷载下应移动灵活，操作便利，电压表、时间显示器应配备齐全。

4）电渣压力焊工艺过程应符合下列要求。

①焊接夹具的上下钳口应夹紧于上、下钢筋上；钢筋一经夹紧，不得晃动。

②引弧可采用直接引弧法，或钢丝臼（焊条芯）引弧法。

③引燃电弧后，应先进行电弧过程，然后加快上钢筋下送速度，使钢筋端面与液态渣池接触，转变为电渣过程，最后在断电的同时迅速下压上钢筋，挤出熔化金属和熔渣。

④接头焊毕，应稍作停歇，方可回收焊剂和卸下焊接夹具；敲去渣壳后，四周焊包凸出钢筋表面的高度不得小于4mm。

5）电渣压力焊焊接参数应包括焊接电流、焊接电压和通电时间，采用HJ431焊剂时，宜符合表4-9的规定。采用专用焊剂或自动电渣压力焊机时，应根据焊剂或焊机使用说明书中推荐数据，通过试验确定。

不同直径钢筋焊接时，上下两钢筋轴线应在同一直线上。

6）在焊接生产中焊工应进行自检，当发现偏心、弯折、烧伤等焊接缺陷时，应查找原因和采取措施，及时消除。

表4-9　电渣压力焊焊接参数

钢筋直径（mm）	焊接电流（A）	焊接电压（V）		焊接通电时间（s）	
		电弧过程	电渣过程	电弧过程	电渣过程
14	200~220			12	3
16	200~250			14	4
18	250~300			15	5
20	300~350	35~45	18~22	17	5
22	350~400			18	6
25	400~450			21	6
27	500~550			24	6
32	600~650			27	7

（2）电渣压力焊质量检验。

1）电渣压力焊接头的质量检验，应分批进行外观检查和力学性能检验，并应按表4-10的规定进行验收。

表4-10　钢筋电弧焊接头尺寸偏差及缺陷允许值

名称		单位	接头形式		
			帮条焊	搭接焊 钢筋与钢板搭接焊	坡口焊 窄间隙焊与熔槽帮条焊
棒体沿接头中心线的纵向偏移		mm	0.3d	—	—
接头处弯折角		（°）	3	3	3
接头处钢筋轴线的位移		mm	0.1d	0.1d	0.1d
焊缝厚度		mm	+0.05d 0	+0.05d 0	—
焊缝宽度		mm	+0.1d 0	+0.1d 0	—
焊缝长度		mm	−0.3d	−0.3d	—
横向咬边深度		mm	0.5	0.5	−0.5
在长2d焊缝表面上的气孔及夹渣	数量	个	2	2	—
	面积	mm^2	6	6	—
在全部焊缝表面上的气孔及夹渣	数量	个	—	—	2
	面积	mm^2	—	—	6

注：d为钢筋直径（mm）。

在现浇钢筋混凝土结构中，应以300个同牌号钢筋接头作为一批；在房屋结构中，应在不超过二楼层中300个同牌号钢筋接头作为一批；当不足300个接头时，仍应作为一批。每批随机切取3个接头做拉伸试验。

2）电渣压力焊接头外观检查结果，应符合下列要求。

①四周焊包凸出钢筋表面的高度不得小于4mm。

②钢筋与电极接触处，应无烧伤缺陷。

③接头处的弯折角不得大于3°。

④接头处的轴线偏移不得大于钢筋直径的0.1倍，且不得大于2mm。

29.钢筋绑扎问题

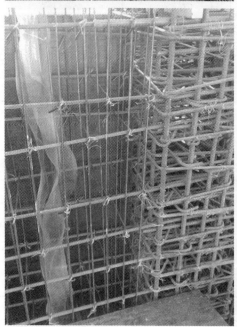

错误：（1）板梁筋绑扎现场，成了水电工加工现场。

（2）转换大梁水平筋及竖向筋间距问题、转换梁钢筋绑扎间距不均。

（3）墙筋被踩得乱七八糟。

原因及解决方案：现场施工人员质量意识淡薄，各工种交叉作业，且不遵守相应的施工规范，导致出现大面积的钢筋绑扎不合格。在实际施工中，应该对施工班组进行严格的岗前教育与培训，并下发技术交底，保证钢筋绑扎的规范性。

施工现场钢筋绑扎可以参考以下几方面进行控制。

（1）操作工艺。

1）将基础垫层清扫干净，用石笔和墨斗在上面弹放钢筋位置线。

2）按钢筋位置线布放基础钢筋。

3）绑扎钢筋。四周两行钢筋交叉点应每点绑扎牢。中间部分交叉点可相隔交错扎牢，但必须保证受力钢筋不位移。双向主筋的钢筋网，则需在全部钢筋相交点扎牢。相邻绑扎点的钢丝扣成八字开，以免网片歪斜变形。

4）大底板采用双层钢筋网时，在上层钢筋网下面应设置钢筋撑脚或混凝土撑脚，以保证钢筋位置正确，钢筋撑脚下应垫在下层钢筋网上。撑脚沿短向通长布置，间距以能保证钢筋位置为准。

5）钢筋的弯钩应朝上，不要倒向一边；双钢筋网的上层钢筋弯钩应朝下。

6）独立基础的双向弯曲，其底面短向的钢筋应放在长向钢筋的上面。

7）现浇柱与基础连用的插筋，其箍筋应比柱的箍筋小一个柱筋直径，以便连接。箍筋的位置一定要绑扎固定牢靠，以免造成柱轴线偏移。

8）基础中纵向受力钢筋的混凝土保护层厚度不应小于40mm，当无垫层时不应小于700mm。

9）钢筋的连接。

①钢筋连接的接头宜设置在受力较小处。接头末端至钢筋弯起点的距离不应小于钢筋直径的10倍。

②若采用绑扎搭接接头，则接头纵向受力钢筋的绑扎接头宜相互错开；钢筋绑扎接头连接区段的长度为1.3倍搭接长度；凡搭接接头中点位于该区段的搭接接头均属于同一连接区段；位于同一区段内的受拉钢筋搭接接头面积百分率为25%。

③当钢筋的直径$d>16$mm时，不宜采用绑扎接头。

④纵向受力的钢筋采用机械连接接头或焊接接头时，连接区段的长度为35d（d为纵向受力钢筋的较大值）且不小于50mm。同一连接区段内，纵向受力钢筋的接头面积百分率应符合设计规定，当设计无规定时，应符合下列规定：a.在受拉区不宜大于50%。b.直接承受动力荷载的基础中，不宜采用焊接接头；当采用机械连接接头时，不应大于50%。

10）基础钢筋的若干规定。

①当条形基础的宽度B≥1600mm时，横向受力钢筋的长度可减至0.9B，交错布置。

②当单独基础的边长B≥3000mm（除基础支承在桩上外时），受力钢筋的长度可减至0.9B，交错布置。

11）基础浇筑完毕后，把基础上预留墙柱插筋扶正理顺，保证插筋位置准确。

12）承台钢筋绑扎前，一定要保证桩基伸出钢筋到承台的锚固长度。

（2）质量标准。

1）主控项目：基础钢筋绑扎时，受力钢筋的品种、级别、规格和数量必须符合设计要求。检查数量：全数检查。检验方法：观察、钢尺检查。

2）一般项目：基础钢筋绑扎的允许偏差应符合表4-11规定。检查数量：在同一检验批内，独立基础应抽查构件数量的10%，且不少于3件，筏板基础可按纵、横轴线划分检查面，抽查10%，且不少于3面。

表4-11　构件绑扎的允许偏差和检验方法

项目	允许偏差（mm）		检验方法
绑扎钢筋网长、宽	±10		钢尺检查
网眼的尺寸	±20		钢尺量连续3挡，取最大值
绑扎钢筋骨架	长	±10	钢尺检查
	宽、高	±5	钢尺检查
受力钢筋	间距	±10	钢尺量两端、中间各一点取最大值
	排距	±5	
保护层厚度	±10		钢尺检查
绑扎箍筋、横向钢筋间距	±20		钢尺量连续3挡，取最大值

项目	允许偏差（mm）		检验方法
钢筋弯起点位置	20		钢尺检查
预埋件	中心线位置	5	钢尺检查
	水平高差	+3，-0	预埋件钢尺和塞尺检查
绑扎缺扣、松扣数量	不超过扣数的10%，且不应集中		观察和手扳检查
弯钩和绑扎接头	弯钩朝向应正确。任一绑扎接头的搭接长度均不应小于规定值，且不应大于规定值的5%		观察和尺量检查
箍筋	数量符合设计要求，弯钩角度和平直长度符合规定		观察和尺量检查

（3）成品保护。

1）筋绑扎完后，应采取保护措施，防止钢筋的变形、位移。

2）浇筑混凝土时，应搭设上人和运输通道，禁止直接踩压钢筋。

3）浇筑混凝土时，严禁碰撞预埋件，如碰动应在设计位置重新固定牢。

4）各工种操作人员不准任意扳动切割钢筋。

30.板筋绑扎中的拉筋不合格

错误：保证板筋有效高度的拉筋未按照要求两端弯成135°，且绑扎不到位。

原因及解决方案：现场施工人员质量意识不够，绑扎不规范，导致板筋绑扎质量不合格。针对此问题，应该将拉筋重新进行加工、绑扎，以保证施工质量。

31.地梁主次梁钢筋绑扎安装问题

错误：主次梁钢筋的主筋位置有误；梁上部主筋在支座处接头，按照标准图集要求，梁主筋可以在支座内锚固，但不能有接头；主梁纵向钢筋下料长度不够，使次梁一半受力钢筋悬空；此外，箍筋间距不太均匀。

原因及解决方案：对于标准图集认识有误，从而导致绑扎错误。解决方法只能是拆掉后，重新绑扎。最大的错误是梁上部主筋在支座处接头，按图集要求，梁主筋可以在支座内锚固，不能有接头。

底板主次梁的绑扎：地梁受力系统是反受力系统（相对于楼板受力），是将地基承载力看成是反向作用在地梁上的受力模型。因此，对地梁主次梁交接处来说，应该将次梁钢筋放在主梁钢筋的下部，形成"扁担原理"。此外，地梁上部负筋不能在支座和弯矩最大处连接。

32.三角桩承台钢筋安装绑扎问题

错误：三角桩承台钢筋的安装绑扎完全错误，钢筋摆向不对；钢筋锚固长度不符桩基规范。

原因及解决方案：施工人员责任心不到位，未按照规范要求施工，导致钢筋绑扎不合格。

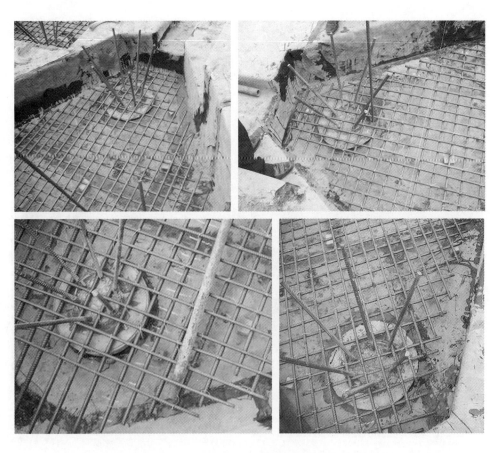

（1）三角桩的钢筋布置可以参考下面两图进行。

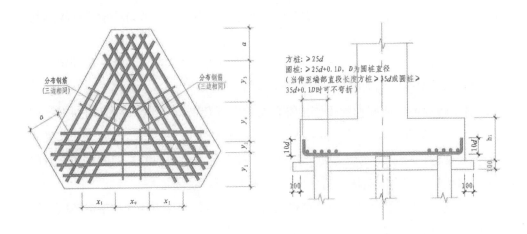

（2）按照规范钢筋的方向应该是平行三条边布置的，桩的直径小于等于800mm的时候桩头锚入承台50mm。

一般来说，对于此类钢筋的布置、绑扎，当设计图纸有具体规定时，按照设计图纸进行施工，如果没有具体的设计图，则按照《建筑桩基技术规范》（JGJ94—2008）的规定进行施工。

33.剪力墙钢筋问题

错误：

（1）横向钢筋没有做到顶。

（2）转角的外侧横向钢筋没有贯通。

原因及解决方案： 现场施工人员对于剪力墙钢筋绑扎规范了解不够，钢筋绑扎未按照规范要求施工，导致剪力墙钢筋绑扎不合格。剪力墙钢筋现场绑扎可以参考以下几个方面进行。

（1）施工工艺。工艺流程：弹墙体线—剔凿墙体混凝土浮浆—修理预留搭接筋—绑纵向筋—绑横向筋—绑拉筋或支撑筋。

1）将预留钢筋调直理顺，并将表面砂浆等杂物清理干净。先立2~4根纵向筋，并划好横筋分挡标志，然后于下部及齐胸处绑两根定位水平筋，并在横向筋上划好分挡标志，然后绑其余纵向筋，最后绑其余横向筋。如剪力墙中有暗梁、暗柱时，应先绑暗梁、暗柱再绑周围横向筋。

2）剪力墙钢筋绑扎完后，把垫块或垫圈固定好确保钢筋保护层的厚度。纵向钢筋的最小保护层厚度见表4-12。

表4-12　纵向钢筋的混凝土保护层最小厚度

环境类别		剪力墙		
		≤C20	C25~C45	≥C50
一		20	15	15
二	A		20	20
	B		25	20
三			30	25

注：1.剪力墙中分布钢筋的保护层厚度不应小于本表中相应数值减10mm，且不应小于10mm。预应力钢筋保护层厚度不应小于15mm。

2.混凝土结构的环境类别，见表4-13。

表4-13　混凝土结构的环境类别

环境类别		条件
一		室内正常环境
二	A	室内潮湿环境；非严寒和非寒冷地区的露天环境，与无侵蚀性的水或土壤直接接触的环境
	B	严寒和寒冷地区的露天环境，与无侵蚀性的水或土壤直接接触的环境
三		使用除冰盐的环境；严寒和寒冷地区冬季水位变动的环境，滨海室外环境

3）剪力墙的纵向钢筋每段钢筋长度不宜超过4m(钢筋的直径≤12mm）或6m(直径>12mm），水平段每段长度不宜超过8m，以利绑扎。

4）剪力墙的钢筋网绑扎。全部钢筋的相交点都要扎牢，绑扎时相邻绑扎点的钢丝扣成八字形，以免网片歪斜变形。

5）为控制墙体钢筋保护层厚度，宜采用比墙体竖向钢筋大一型号的钢筋梯子凳措施，在原位替代墙体钢筋，间距1500mm，见下图。

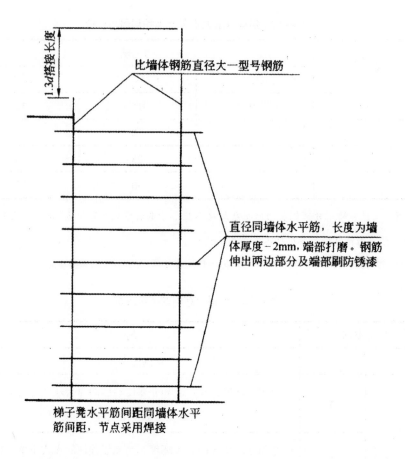

比墙体钢筋直径大一型号钢筋

1.3d搭接长度

直径同墙体水平筋，长度为墙
体厚度－2mm，端部打磨。钢筋
伸出两边部分及端部刷防锈漆

梯子凳水平筋间距同墙体水平
筋间距，节点采用焊接

6）剪力墙水平分布钢筋的搭接长度不应小于$1.2l_a$（l_a为钢筋锚固长度）。同排水平分布钢筋的搭接接头之间及上、下相邻水平分布钢筋的搭接接头之间沿水平方向的净间距不宜小于500mm。若搭接采用焊接时应符合《钢筋焊接及验收规程》（JGJ 18—2012）的规定。

7）剪力墙竖向分布钢筋可在同一高度搭接，搭接长度不应小于$1.2l_a$。

8）剪力墙分布钢筋的锚固:剪力墙水平分布钢筋应伸至墙端，并向内水平弯折$10d$后截断，其中d为水平分布钢筋直径。当剪力墙端部有翼墙或转角墙时，内墙两侧的水平分布钢筋和外墙内侧的水平分布钢筋应伸至翼墙或转角墙外边，并分别向两侧水平弯折后截断，其水平弯折长度不宜小于$15d$。在转角墙处，外墙外侧的水平分布钢筋应在墙端外角处弯入翼墙，并与翼墙外侧水平分布钢筋搭接。搭接长度为$1.2l_a$。带边框的剪力墙，其水平和竖向分布钢筋宜分别贯穿柱、梁或锚固在柱、梁内。

9）剪力墙洞口连梁应沿全长配置箍筋，箍筋直径不宜小于6mm，间距不宜大于150mm。在顶层洞口连梁纵向钢筋伸入墙内的锚固长度范围内，应设置间距不大于150mm的箍筋，箍筋直径与该连梁跨内箍筋直径相同。同时，门窗洞边的竖向钢筋应按受拉钢筋锚固在顶层连梁高度范围内。

10）混凝土浇筑前，对伸出的墙体钢筋进行修整，并绑一道临时横筋固定伸出筋的间距（甩筋的间距）。墙体混凝土浇筑时派专人看管钢筋，浇筑完后，立即对伸出的钢筋（甩筋）进行修整。

11）外砖内模剪力墙结构，剪力墙钢筋与外砖墙连接：绑内墙钢筋时，先将外墙预留的拉结筋理顺，然后再与内墙钢筋搭接绑牢。

（2）质量标准。

1）钢筋、焊条的品种和性能以及接头中使用的钢板和型钢，必须符合设计要求和有关标准的规定。

2）钢筋带有颗粒状和片状老锈，经除锈后仍留有麻点的钢筋，严禁按原规格使用。钢筋表面应保持清洁。

3）钢筋的规格、形状、尺寸、数量、锚固长度、接头设置，必须符合设计要求和施工规范的规定。

4）钢筋焊接接头机械性能试验结果，必须符合焊接规程的规定。

5）钢筋网片和骨架绑扎缺扣、松扣数量不超过绑扣数的10%，且不应集中。

6）钢筋焊接网片钢筋交叉点开焊数量不得超过整个网片交叉点总数的1%，且任一根钢筋上开焊点数不得超过该根钢筋上交叉点总数的50%。焊接网最外边钢筋上的交叉点不得开焊。

7）弯钩的朝面应正确。绑扎接头应符合施工规范的规定，其中每个接头的搭接长度不小于规定值。

8）箍筋数量、弯钩角度和平直长度，应符合设计要求和施工规范的规定。

9）钢筋点焊焊点处熔化金属均匀，无裂纹、气孔及烧伤等缺陷。焊点压入深度符合钢筋焊接规程的规定。对接焊头：无横向裂纹和烧伤，焊包均匀，接头弯折不大于4°，轴线位移不大于0.1d，且不大于2mm。电弧焊接头：焊缝表面平整，无凹陷、焊瘤、裂纹、气孔、夹渣及咬边，接头处弯折不大于4°，轴线位移不大于0.1d，且不大于3mm，焊缝宽度不小于0.1d，长度不小于0.5d。

10）钢筋绑扎允许偏差应符合表4–14的规定。

表4-14 钢筋及预埋件的允许偏差表

项次	项目		允许偏差(mm)	检验方法
1	网的长度、宽度		±10	尺量检查
2	网眼尺寸	焊接	±10	尺量连续三挡，取其最大值
		绑扎	±20	
3	受力钢筋	间距	±10	尺量两端、中间各一点，取其最大值
		排距	±5	
4	箍筋、构造筋间距	焊接	±10	尺量连续三挡，取其最大值
		绑扎	±20	
5	焊接预埋件	中心线位移	5	尺量检查
		水平高差	+3 −0	
6	受力筋保护层		±3	尺量检查

（3）成品保护。

1）绑扎箍筋时严禁碰撞预埋件，如碰动应按设计位置重新固定牢靠。

2）应保证预埋电线管等位置准确，如发生冲突时，可将竖向钢筋沿平面左右弯曲，横向钢筋上下弯曲，绕开预埋管。但一定要保证保护层的厚度，严禁任意切割钢筋。

3）模板板面刷隔离剂时，严禁污染钢筋。

4）各工种操作人员不准任意踩踏钢筋、扳动及切割钢筋。

34.柱子钢筋绑扎问题

错误：柱子钢筋绑扎不规范，影响工程质量。

原因及解决方案：柱子钢筋绑扎差，而且不注意成品保护，造成较多破坏，严重影响工程质量。

必须将柱筋全部拆除后，按照规范要求认真重新绑扎，对于间距、箍筋的布置等，一定要严格要求。在钢筋绑扎完成后，还要注意后期的成品保护，避免柱子钢筋被破坏。

35.封顶柱头箍筋绑扎问题

错误：柱头箍筋绑扎不符合质量规范。

原因及解决方案：现在很多施工单位为了省事（省略了绑扎梁钢筋的脚手架）和抢抓工程进度，就一次性将梁板模板全部安装完毕后再绑扎梁钢筋，造成梁钢筋（特别是梁柱节点钢筋）绑扎质量不合格。

正常的施工程序应该是：先安装梁底模或梁的一侧模板—绑扎梁钢筋和柱头加密箍筋（注意梁纵向钢筋和柱箍筋交叉时的上下位置）—安装柱头和梁侧模。这样的施工质量应该是有保证的。不过工序比较麻烦，需要较长的工期。

36.构造柱与梁交叉处的处理

错误： 正立面的造型构造柱，与梁交叉处未加箍筋。

原因及解决方案： 一定要加箍筋的，浇注的时候才能保持钢筋位置不会发生位移。如果构造柱钢筋绑扎不到位，在后续工序中很难使其恢复到设计位置。

梁柱节点处的箍筋问题，是目前钢筋施工中普遍存在的，梁柱节点处，特别是交叉梁和柱的节点处，很难做到梁和柱的箍筋都能绑上，现在的施工中一般是优先框架柱—框架梁，意思就是说有框架柱的柱节点优先绑齐，梁的箍筋只能尽量绑；如果是构造柱，就优先绑齐梁的箍筋；如果是主次梁节点，就优先绑齐主梁箍筋；未绑齐箍筋的采用箍筋加密的方式来补偿。

（1）构造柱的作用。

1）与层间梁、板或中间圈梁共同形成弱刚性的框架，对其间内的砌体墙形成套箍作用，由于砌体墙受砂浆强度和施工质量等影响较大，且承载力低特别是抗剪、抗拉强度，所以它的抗水平作用能力差，变形能力就更差，变形一旦超过限值墙体即开裂、垮塌丧失工作能力。而在套箍作用下一定程度增加变形能力并且使墙体裂而不倒。

2）砌体墙内自施工完成之日起，其内部就存在众多小裂缝，在荷载逐渐增加的过程中，这些裂缝不断发展、扩大并逐渐联通形成通缝，最后在竖向力作用下各通缝间的砌体柱受压失稳破坏，因此构造柱的另一作用就是将其间墙体裂缝截断。

3）构造柱在地震作用下的主要受力应当为受拉而不是受剪，而一般情况下构造柱作为墙体的一部分，以承压为主，因此构造柱内的箍筋作用是限制纵筋歪曲和保证构造柱截面。

（2）箍筋是用来满足斜截面抗剪强度，并联结受拉主钢筋和受压区混凝土使其共同工作，此外还用来固定主钢筋的位置而使梁内各种钢筋构成钢筋骨架的钢筋。

37.吊筋与腰筋问题

错误：（1）吊筋太乱了，且未进行绑扎。

（2）吊筋部位主次梁看不清。

（3）梁底和梁侧没看到多少垫块保护层。

（4）箍筋135°弯钩没有到位。

（5）用φ8的钢筋做腰筋不够。

原因及解决方案：钢筋制作绑扎不按图施工，或吊筋制作形状虽然正确，但各部位长度、角度不符合规范要求，放置位置不准确。吊筋末端必须绑扎至梁上层和上部主筋同高度，中部要和次梁下部高度相同。

在实际施工中，有关吊筋的施工经常出现以下两个方面的问题。

（1）吊筋水平锚固长度不足，底部水平段长度未达到次梁宽度加100mm，弯起角度不准确。

（2）吊筋未正确放在次梁正下方，且每侧宽出次梁50mm；或吊筋未放至主梁底部，而放至次梁底部。

φ8的腰筋一般来说是不够的，混凝土规范要求梁净高（梁高—板厚—梁底筋保护层厚）超过450mm要加腰筋，每侧腰筋面积不应少于0.1%梁净高×梁宽，如果是200mm×600mm的梁截面（最少每侧腰筋面积A_s=120mm²），每侧两根8mm腰筋，很明显是不够的（A_s=100.6mm²），所以设计上很少会在梁腰筋使用8mm钢筋，一般最少使用10mm或者以上的钢筋。

38.框架梁问题

错误：（1）框架梁未调校即隐蔽，造成梁体倾斜。

（2）伸入框架梁的支座起弯部分未做任何处理，致使梁高度偏差。

（3）收口处理太简单，容易产生胀模、跑模现象。

原因及解决方案： 现场施工人员图省事，未按规范进行操作，导致框架梁绑扎不合格，存在质量隐患。

在实际施工中，框架梁的钢筋绑扎可以参考以下几个方面进行技术指导与质量控制。

（1）工艺流程：清理模板—画主次梁箍筋间距—放主次梁箍筋—穿主梁底层钢筋及弯起钢筋—穿次梁底层钢筋并与箍筋固定—穿主梁上层钢筋—按箍筋间距绑扎—穿次梁上层钢筋—按箍筋间距绑扎。

（2）在梁侧板上画出箍筋间距，摆放箍筋。

（3）先穿主梁的下部纵向受力钢筋及弯起筋，将箍筋按已画好的间距逐个分开。穿次梁的下部纵向钢筋及弯起钢筋，并套好箍筋。放主次梁的架力筋，隔一定的间距将架力筋与箍筋绑扎牢固。调整箍筋间距使间距符合要求。两侧加密区地下二层为梁高的1.5倍，其他各层为梁的2倍，间距为100mm，非加密区为间距200mm。绑扎架力筋，再绑扎主筋，主次梁同时配合进行。

（4）框架梁上部纵向钢筋应贯穿中间节点，梁下部纵向钢筋伸入中间节点，锚固长度不应小于L_{aE}，且伸过中心线不应小于5d的长度要求。框架中间层的端节点处，框架梁上部纵筋在端节点的锚固长度除不应小于L_{aE}外，弯折前的水平投影长度不应小于0.4L_{aE}，弯折后的竖直投影长度不应小于15d。梁下部纵向筋在中间层端节点中的锚固措施与梁上部纵筋相同，但竖直线段应向上弯入节点。具体可参考下面两图的做法。

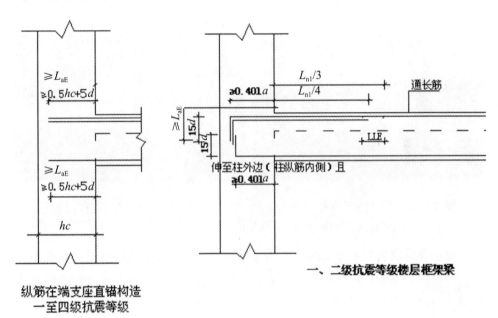

纵筋在端支座直锚构造
一至四级抗震等级

一、二级抗震等级楼层框架梁

（5）梁上部纵向筋的箍筋，宜用兜口法绑扎。箍筋弯勾放在架立筋处，接口应左右错开，并与受力筋垂直。两个绑扎点应与绑扎方向成交叉形，严禁一顺帮扣。

（6）箍筋在叠合处的弯勾，在梁中应交错绑扎，箍筋弯勾为135°，平直部分长度为10d。

（7）梁端第一个箍筋应设置在距离柱节点边缘50mm处。梁端与柱交接处箍筋应加密间距100mm。

（8）在主、次梁受力筋下均应垫垫块（或塑料垫块），保证保护层的厚度。受力筋为双排时，可用短钢筋垫在两层钢筋之间，钢筋排距不应小于25mm且不大于30mm。

（9）钢筋的搭接：框架梁（含其他梁）纵向钢筋连接，凡Ⅱ级钢筋直径≥

18mm的均采用"直螺纹连接"。接头位置上部筋在跨中1/3范围内，下部筋在支座处（或接近支座处），同一连接区间接头根数（直径相等时）为50%。钢筋搭接长度末端与钢筋弯折处的距离，不得小于钢筋直径的10d。

（10）绑扎梁钢筋时，应注意梁端部构造。控制端部锚固长度的同时应注意各排筋的弯折部分应错开，净间距不小于25mm。

39.梁钢筋绑扎不到位

错误：（1）梁钢筋绑扎不到位，加密区与非加密的间距不符合规范。

（2）柱接槎部位一定要凿毛。

原因及解决方案：现场施工人员未按规范进行操作，导致梁钢筋绑扎不合格，存在质量隐患。应该将钢筋拆除后，重新进行绑扎调教，并严格按照梁钢筋绑扎的施工要求进行控制，具体可参考前面框架梁的相关内容。

对于柱子接槎处的凿毛，在实际施工中，一般做法是在混凝土没有完全硬化前在接槎处使用工具剔除毛面，这样比较省力。

40.梁钢筋间距、搭接、箍筋等问题

错误：板筋未满扎、搭接绑扎扣数不足、单面焊未预弯折、马凳未垫在双向钢筋交叉处，梁钢筋明显错误，根本无间距可言，而且纵向主筋的搭接长度和搭接位置不合适，梁的箍筋间距加密区和非加密区箍筋间距凌乱。

原因及解决方案： 由于现场施工人员质量意识淡薄，导致钢筋的毛病不少，无论是制作、加工还是安装都存在问题，钢筋间距、搭接、网眼尺寸、保护层等几个方面都存在问题。出现这样的问题，大多都是因为现场施工人员对于钢筋的绑扎、加工、连接等规范了解不够，现场技术人员未及时进行监控、调整，导致梁、板钢筋绑扎不规范，影响后期混凝土施工和整体质量。对于这类问题，只能是拆除梁钢筋后进行重新布置、绑扎、连接，并对施工人员进行规范教育。

41.梁柱交点处钢筋绑扎

错误： （1）柱子变截面与变钢筋直径，钢筋断头做法不对。

（2）梁柱交接处第一道箍筋距柱边超过50mm，柱顶钢筋未弯折。

（3）板底面筋交叉错位。

（4）纵筋采用绑扎连接均在柱端非连接区。

（5）箍筋绑扎不对，应采用8×8矩形箍筋复合方式。

原因及解决方案： 现场施工人员绑扎不按照规范图集施工，导致接头做法与钢筋绑扎不符合规范要求。

（1）柱子变截面通常包括钢筋变截面和柱混凝土截面变径两种形式，后者只需将钢筋打弯即可满足。钢筋变截面通常采用钢筋数量变化和单根钢筋截面变形来满足。如数量变化可直接减少，但应注意角筋无论如何不能减少。如截面变径可通过直螺纹套筒等机械连接的方式满足，也可以采用绑扎搭接、焊接接头等形式来满足，具体要求可参见03J101—1图集中的详细规定。

（2）梁柱交点处钢筋一般都比较复杂，施工时穿筋顺序为：先穿梁下筋—柱箍筋—梁上层钢筋—梁箍筋。梁柱节点处的梁主筋在柱纵筋内侧，次梁的主筋在主梁主筋的上部。绑扎钢筋可以采用沉梁法，具体步骤如下。

1）首先将梁下部钢筋穿好，然后根据梁高计算出核心区内需加柱箍筋数量，将所需柱筋（未绑扎的）套到柱主筋上。

2）在箍筋四角分别用一根φ18的钢筋（长度取最高框架梁高）作为导筋，将节点区箍筋按要求间距绑在导筋上固定成短钢筋笼。

3）再穿梁的上部钢筋使钢筋笼与梁筋同时绑扎，绑扎完毕后，将梁筋骨架与柱筋钢筋笼一起落入梁、柱模板内。

4）将变形的柱箍筋钢筋笼调整好。

（3）8×8矩形箍筋只是起到定位的作用，混凝土浇筑完成后这个钢筋是要取走的。因为上面有许多混凝土，如果用东西敲击又会使钢筋弯折，所以大部分工地就直接把钢筋拿掉。

42.梁错位

错误：结构梁出现偏移。

原因及解决方案：施工时，由于施工人员未复核数据，导致一跨结构梁出现偏移、错位。

出现这种质量事故后，现场施工单位不能擅自进行处理，一定要经过结构设计验算复核，然后根据复核的结果可以选择不同的处理方式。

（1）如果结构受力方面没有问题，又不是特别影响建筑的使用功能，可以不做处理，当然这个必须经过业主同意。

（2）如果结构受力方面没有问题，但是影响建筑功能的使用，可以与业主协商进行相应的经济赔偿。

（3）如果经过设计验算复核，结构受力本身就不满足，那只有与设计单位协商出具相应的处理办法。

43.梁高相同的两道框架梁交叉搭接问题

错误：梁高相同的两道框架梁在支座交叉，现场带班的施工员说都是主梁无所谓。

原因及解决方案：一般这种情况在做设计时，就应该区分两个梁的高度，大约在50mm或者100mm，用以做出主次之分，主要是考虑施工时主梁钢筋锚

固问题，与受力基本无关。计算简化模型的时候是仅考虑一个方向的梁与柱的刚度比，所以两方向没有必然的主次之分。如果非得要区分，可以判断哪根梁为主要受力梁，一般跨度短的梁，刚度大，在受力时吸收能量多，所以优先考虑它，最好把这根梁钢筋放在下边。如果是两根梁等跨的，看哪根梁下的柱子大，如果有一个方向上的柱子大，那么这方向的梁应该为主要受力跨，如果都相同，那就怎么放都行。

44.钢筋间距不规范

错误：钢筋拉钩倾斜，间距不规范。

原因及解决方案：现场施工人员质量意识不够，绑扎不严谨，导致主筋布置不够规范。

（1）钢筋绑扎的一般要求。

1）钢筋的交叉点应采用20~22号钢丝绑扣，绑扎不仅要牢固可靠，而且钢丝长度要适宜。

2）板和墙的钢筋网，除靠近外围两行钢筋的交叉点全部扎牢外，中间部分交叉点可间隔交错绑扎，但必须保证受力钢筋不产生位置偏移；对双向受力钢筋，必须全部绑扎牢固。

3）梁和柱的箍筋，除设计有特殊要求外，应与受力钢筋垂直设置；箍筋弯勾叠合处，应沿受力钢筋方向错开设置。

4）在柱中竖向钢筋搭接时，角部钢筋的弯勾平面与模板面的夹角，对矩形柱应为45°，对多边形柱应为模板内角的平分角；对圆形柱钢筋的弯勾平面应与模板的切线平面垂直；中间钢筋的弯勾平面应与模板面垂直；当采用插入式振捣器浇筑小型截面柱时，弯勾平面与模板面的夹角不得小于150°。

5）板、次梁与主梁交接处，板的钢筋在上，次梁钢筋居中，主梁钢筋在下；主梁与圈梁交接处，主梁钢筋在上，圈梁钢筋在下，绑扎时切不可放错位置。

（2）钢筋的绑扎接头。

1）钢筋的接头宜设置在受力较小处，同一受力筋不宜设置两个或两个以上接头。接头末端距钢筋弯起点的距离不应小于钢筋直径的10倍。

2）同一构件中相邻纵向受力钢筋之间的绑扎接头位置宜相互错开。

钢筋绑扎搭接接头连续区段的长度为$1.3l_l$（l_l为搭接长度），凡搭接接头中点位于该连接区段长度内的搭接接头均属于同一连接区段。同一连接区段内，纵向钢筋搭接接头面积百分率应符合有关规定。当设计无具体要求时，应符合下列规定：①对梁类、板类及墙类构件，不宜大于25%。②对柱类构件，不宜大于50%。③当工程中确有必要增大接头面积百分率时，对梁类构件，不宜大于50%；对其他构件，可根据实际情况放宽。绑扎接头中的钢筋的横向净距，不应小于钢筋直径，且不小于25mm。

3）在梁、柱类构件的纵向受力钢筋搭接长度范围内，应按设计要求配置箍筋。当设计无具体要求时，应符合下列规定。

①箍筋的直径不应小于搭接钢筋较大直径的0.25倍。

②受拉区段的箍筋的间距不应大于搭接钢筋较小直径的5倍，且不应大于100mm。

③受压区段箍筋的间距不应大于搭接钢筋较小直径的10倍，且不应大于200mm。

④当柱中纵向受力钢筋直径大于25mm时，应在搭接接头两个端外面100mm范围内各设置两个箍筋，其间距宜为50mm。

45.弧形挑板处钢筋绑扎

错误： 板筋负弯矩筋间距大小不一，绑扎质量未达到规范要求。

原因及解决方案： 工人施工马虎，未调整好钢筋间距，且绑扎质量较差，形成质量隐患。针对这种情况，应该返工重新调整钢筋间距，并严格按照规范进行绑扎。

46.屋面板的钢筋绑扎

错误： （1）面层板筋搭接位置不对，在支座处应断开搭接。

（2）梁底垫块形同虚设。

（3）梁两侧保护层不等，左侧偏小。

（4）靠近梁左边的板筋缺Y向筋，板筋间距不等。

（5）板底筋无保护层，面筋未架设保护层。

（6）柱筋伸入梁内长度不够。

（7）节点处梁箍筋较为混乱。

（8）板面筋应搁置在梁上方。

（9）梁端箍筋加密区间距混乱，第一只箍筋距梁端应为50mm。

（10）X向梁筋在Y向梁内长度不足，伸至梁边下弯。

（11）下柱筋长度不足。

（12）负弯筋分布筋间距有问题。

（13）部分上筋是弯勾，如为受力筋应为直勾，板上筋弯勾应在梁内侧锚固。

（14）镀锌管预埋不合理，以后容易开裂。

原因及解决方案：施工人员责任心不到位，钢筋绑扎不规范，偷工减料，导致屋面板钢筋绑扎存在众多质量问题。

其实在板筋的施工当中最不好控制的就是钢筋的间距和保护层。绑扎板筋时应通长拉控制线或在模板上弹控制线，排筋时从梁边、墙边50mm处起步，与控制线重合（当拉小白线时与控制线平行），第二根与第一根平行，绑扎采用八字扣，绑扎完一段后进行微调，将偏差的部分调整到位；钢筋绑扎完毕后，及时绑扎保护层垫块，垫块垫在箍筋与主筋交点处，主筋、腰筋与箍筋交点处均绑扎牢固，上下排丝扣方向相反，保证板筋骨架不变形。

47.板面钢筋绑扎

错误： 监理工程师要求现场板面钢筋全部满绑。

原因及解决方案： 应该说板面钢筋绑扎关于跳绑和满绑是没有相关强制性条文和规定的，只有相关行规和措施，在《建筑施工手册》第四版中钢筋工程里涉及基础钢筋中钢筋网的绑扎有以下说明：四周两行钢筋交叉点应每点扎牢，中间部分交叉点可相隔交错扎牢，但必须保证受力钢筋不位移。双向主筋的钢筋网，则须将全部钢筋相交点扎牢。绑扎时应注意相邻绑扎点的钢丝扣要成八字形，以免网片歪斜变形。梁板钢筋绑扎同基础钢筋绑扎。

在实际施工中，一般是板面四周一排要求满绑，中间可错开绑扎。板面钢筋绑扎可以从以下几个方面进行检查：

（1）板筋绑扎前的控制。

①对墙筋、连系梁筋及施工缝处板筋水泥浆已清理干净。

②设置水平梯子筋及暗柱定距框。以上各项未做完不得进行板筋绑扎。

（2）网眼尺寸偏差不得超过10mm。

（3）起步筋第一根板筋距墙边尺寸50mm。

（4）绑丝要求。

①上筋绑丝朝下，下筋绑丝朝上，与钢筋垂直。

②绑丝甩头长短基本一致，长度不超过50mm。

③相邻绑丝呈"八"字扣。

48.现浇板钢筋成品保护

错误：对于已经绑扎好的钢筋网在浇筑混凝土时，没有设置必要的保护措施。

原因及解决方法：混凝土浇筑过程中，未进行钢筋成品保护，没有专人看管、整理，质量管理体系形同虚设，埋下了严重质量隐患。发生这种情况后，只能在后期花费大量的人力进行钢筋网的调整、清理，以恢复施工前的状况。

钢筋成品保护：在钢筋网下应设置垫块，并画出单独的施工通道，以木板或者其他材料铺面，防止因为重压或者施工人员的踩踏导致钢筋网变形。

49.后浇带存在的问题

错误：

（1）梁底还有些混凝土没有彻底断开，应该完全断开。

（2）钢筋锈蚀太严重了，施工中应加强保护，在浇筑混凝土先除一下锈，否则混凝土和钢筋之间的黏结作用会降低。

（3）钢筋的保护层小了，有些钢筋已经露筋了。

（4）钢筋太密集了，现在的后浇带的做法已经不用附加钢筋了。

（5）钢筋绑扎有点乱。

（6）右图中后浇带不仅违反规范将后浇带模板提前拆除，而且拆除后后浇带的支顶严重不到位。本身后浇带处如果未浇筑而拆除模板，其两边梁已经改变原有受力性质，尤其长边方向变成比较大的悬挑梁，支顶根本毫无意义，这个问题最为严重。

原因及解决方案：施工人员对于后浇带施工不够重视，而且对于施工规范了解不够，导致出现质量隐患。

在实际施工中，后浇带两边的模板很重要，不能顺便拆除；后浇带上下均要采用特殊措施，防止杂物进入；后浇带浇筑前要清除杂物和对钢筋进行除锈处理并满足设计的特殊要求。

后浇带施工质量控制：后浇带的连接形式必须按照施工图设计进行，支模必须用堵头板或钢筋网，接缝接口形式在板上装凸条。浇筑混凝土前对缝内要认真清理、剔凿、冲刷，移位的钢筋要复位，混凝土一定要振捣密实，尤其是地下室底板更应认真处理，提高其自身防水能力。

（1）后浇带处第一次浇筑留设后，应采取保护性措施，顶部覆盖，围栏保护，防止缝内进入垃圾、钢筋污染、踩踏变形，给清理带来困难。

（2）后浇带两侧的梁板与未补浇混凝土前长期处于悬臂状态，所以在未补浇前两侧模板支撑不能拆除，在后浇带浇筑后混凝土强度达85%以上一同拆除，混凝土浇筑后注意保护，观察记录，及时养护。

50.后浇带钢筋被割断

错误：一地下车库坡道处后浇带钢筋被施工人员割断。

原因及解决方案：施工人员野蛮施工，未严格按照规范要求进行操作。建议做以下处理：先将原有钢筋采用焊接搭接，再增加原设计现浇板钢筋的一半钢筋，采用植筋，隔一错开植入两侧现浇板中。

一般情况下，从结构受力或者混凝土收缩的角度来看，后浇带的钢筋必须连通不断。后浇带的设立是为了避免结构混凝土收缩对结构本身带来的影响，设立后浇带的位置都尽量选择不重要的位置，但无论是否穿越梁板，钢筋都不能打断。待后浇带浇倒拆模后，被打断的梁板再受力都变成了悬挑构件，和原来的受力模式完全不同了，存在很大的安全隐患。

在实践中，后浇带也是容易产生应力聚中的部位，所以在后浇带设计中，混凝土强度等级要高一等级，梁板配筋上均需设过渡加强筋，所以，剪断后浇带钢筋其实是很严重的行为，对后浇带今后的结构安全会产生重大影响，所以不能简单将钢筋接起就行，还需采取一定技术加固处理措施。

如遇特殊情况，则必须在设计允许的情况下选在剪力和弯矩相对较小的地方断开，并且必须兼顾接头位置和百分率。断筋部位可采用焊接或机械连接，如必须断开，则主筋搭接长度应大于45倍钢筋直径，并按设计要求加附加钢筋。

后浇带是在建筑施工中为防止现浇钢筋混凝土结构由于温度、收缩不均可能产生的有害裂缝，按照设计或施工规范要求，在基础底板、墙、梁相应位置留设临时施工缝，将结构暂时划分为若干部分，经过构件内部收缩，在若干时间后再浇捣该施工缝混凝土，将结构连成整体。后浇带的浇筑时间宜选择气温较低时，可用浇筑水泥或水泥中掺微量铝粉的混凝土，其强度等级应比构件强度高一级，以防止新老混凝土之间出现裂缝，造成薄弱部位。

设置后浇带的位置、距离通过设计计算确定，其宽度考虑施工简便、避免应力集中，常为800~1200mm；在有防水要求的部位设置后浇带，应考虑止水带构造。

后浇带因不同的情况所起的作用也是不同的，在现实的施工中大概有解决沉降、温度、伸缩的后浇带。

（1）解决沉降差。高层建筑和裙房的结构及基础设计成整体，但在施工时用后浇带把两部分暂时断开，待主体结构施工完毕，已完成大部分沉降量（50%以上）以后再浇灌连接部分的混凝土，将高低层连成整体。设计时基础应考虑两个阶段不同的受力状态，分别进行荷载校核。连成整体后的计算应当考虑后期沉降差引起的附加内力。这种做法要求地基土较好，房屋的沉降能在施工期间内基本完成。同时还可以采取以下调整措施：

1）调压力差。主楼荷载大，采用整体基础降低土压力，并加大埋深，减少附加压力；低层部分采用较浅的十字交叉梁基础，增加土压力，使高低层沉降接近。

2）调时间差。先施工主楼，待其基本建成，沉降基本稳定，再施工裙房，使后期沉降基本相近。

3）调标高差。经沉降计算，把主楼标高定得稍高，裙房标高定得稍低，预留两者沉降差，使最后两者实际标高相一致。

（2）减小温度收缩影响。新浇混凝土在硬结过程中会收缩，已建成的结构受热要膨胀，受冷则收缩。混凝土硬结收缩的大部分将在施工后的头1~2个月完成，而温度变化对结构的作用则是经常的。当其变形受到约束时，在结构内部就产生温度应力，严重时就会在构件中出现裂缝。在施工中设后浇带，是在过长的建筑物中，每隔30~40m设宽度为700~1000mm的缝，缝内钢筋采用搭接或直通加弯做法。留出后浇带后，施工过程中混凝土可以自由收缩，从而大大减少了收缩应力。混凝土的抗拉强度可以大部分用来抵抗温度应力，提高结构抵抗温度变化的能力。后浇带保留时间一般不少于一个月，在此期间，收缩变形可完成30%~40%。

各个工程根据不同的需要设计的后浇带不尽相同，现行规范《高层建筑混凝土结构技术规程》（JGJ3—2010）、《地下工程防水技术规范》（GB50108—2001）及不同版本的建筑结构构造图集中，对后浇带的构造要求都有详细的规定。

1）后浇带的留置宽度一般700~1000mm，现常见的有800mm、1000mm、1200mm三种。

2）后浇带的接缝形式有平直缝、阶梯缝、槽口缝和X形缝四种形式。

3）后浇带内的钢筋，有全断开再搭接，有不断开另设附加筋的规定。

4）后浇带混凝土的补浇时间《高层建筑混凝土结构技术规程》（JGJ3—2010）规定是60天以上，地下工程防水技术规范（GB50108—2008）规定是42天以上。

（3）后浇带的混凝土配制及强度，有的要求原混凝土提高一级强度等级，也有的要求用同等级或提高一级的无收缩混凝土浇筑。

（4）养护时间规定不一致，有7天、14天或28天等几种时间要求。

上述差异的存在给施工带来诸多不便，有很大的可伸缩性，所以只有认真理解各专业规范的不同和根据本工程的特点、性质，灵活可靠地应用规范规定，才能有效地保证工程质量。

第五章　混凝土工程

1.混凝土夹渣

错误：柱子混凝土浇筑后，含有大量的泥渣。

原因及解决方案：在实际施工中，墙、梁、柱与板接缝处经常出现有夹渣现象。原因是混凝土浇筑前没有认真处理和清理施工缝表面存留的木渣、锯末、聚苯颗粒及其他等杂物；浇筑时振捣不够。

当表面夹渣缝隙较小时，可用清水冲洗干净，经质监认可后用混凝土原浆抹平。对夹渣较大且明显的部位要进行剔凿，将杂物等清除干净。以后允许处理时采用提高一级强度等级的水泥砂浆或豆石混凝土进行修补，并认真养护。

预防措施：浇筑前认真清理施工缝表面存留的木渣、锯末等一切杂物，用水冲洗干净，浇筑混凝土时先铺撒10~15mm厚等同混凝土强度、同水泥品种的水泥砂浆，然后进行混凝土浇筑。对主要部位要进行二次振捣，提高接缝处的强度、密实度。再进行下一步混凝土浇筑。

2.浇筑柱子混凝土落差大

错误： 混凝土浇筑落差太大。

原因及解决方案： 现场施工人员图省事，未采用有效措施，导致混凝土浇筑时，落差太大，会产生离析或者色差，从而影响柱子的浇筑质量。

在浇筑混凝土时，其自由落差不得大于2m。当落差超过2m时，应用串筒或溜槽等设施；落差在8m以内可使用多节导管。

3.拆模后楼板、梁底露砂和孔洞

错误： 混凝土浇筑前将冲洗泵管的砂浆打到楼板中了，导致混凝土质量不合格。

原因及解决方案： 施工单位在浇筑楼板前用砂浆冲洗泵管，将砂浆全部喷放到楼面上，监理没有尽到其职责，允许施工单位利用水管将砂浆冲散，但拆模后发现水泥浆冲洗没了，只剩下沙子。

用砂浆清洗泵管、润滑等是施工常用手段，一般也就1~2m³的砂浆，冲洗泵管的砂浆应该打到结构以外的地方去。不过，在实际施工中，现在的商品混凝土坍落度很大，即使混在一起问题也不大，所以不应当要求施工方用水冲洗砂浆。

从上面四张图片所反映的情况来看，砂比较集中，如果经设计院确认不影响结构安全，可以剔凿后用高一强度等级的细石混凝土填补，同时注意混凝土水泥批号要一致，否则混凝土表面颜色会有问题。如果影响到了结构安全，则必须考虑梁底加固处理。对于住宅层，建议采用碳纤维适度加固梁底，而如果是地下室或其他楼层梁，可以粘钢加固。剪力墙衔接部位，只需适度拓宽凿出稀松混凝土后，浇筑高一强度的细石混凝土即可。

4.楼梯施工缝问题

错误： 楼梯施工缝未清理干净。

原因及解决方案： 施工缝或后浇带未经处理就浇筑混凝土，导致混凝土内存在成层的松散混凝土。发生缝隙或夹层现象后要凿去松散混凝土，用高一强度等级的水泥砂浆或细石混凝土强力填塞或压浆。

5.一跨框架梁做低了1.35m

错误： 图片中为4.5m平面楼层一框架梁，这跨框架梁设计为：$b \times h$=300mm×900mm。顶标高比二层4.5m平面楼层高出1.35m（即顶标高为4.5+1.35=5.85m）。由于当时施工疏忽，没有仔细看图纸，导致该梁按着顶标高

4.5m施工（相当于比设计标高低了1.35m）。目前在砌筑填充墙，发现在建筑图中二层4.5m该梁下有一洞，设计为：$b \times h$=1300mm×1800mm，洞口中心标高为4.05m。即洞口顶标高为4.05+0.9=4.95m，底标高为4.05-0.9=3.15m。现由于该处梁施工有误，导致该洞口被4.5m梁挡住无法设置。而框架中里面有一个大型的煤磨设备，必须要在该处按着设计标高要求把1300mm×1800mm的洞口留出来才能满足设备要求。

原因及解决方案：施工时马虎大意，看错图纸数据，导致出现结构上的错误。

出现这种情况后，可以参考一下几种方案进行整改：

（1）洞口上下加两道圈梁，下部维护墙的基础要加强。洞口两侧加两道构造柱，构造柱与圈梁整体连接。

（2）将这个立面按照"桁架"的形式进行改造，把已经错误施工的4.5米标高梁当成桁架的下弦，桁架达到强度后，按照工艺要求的洞口尺寸，将下弦杆切断，进行复核计算。

（3）在砸掉梁时，只砸掉中间的1/3跨，把梁端两边1/3留着，再重新按设计通过植筋设置新梁，新梁和原1/3跨端部梁一起可做成叠合梁，相当于加腋梁，这样可以减少原设计梁的配筋。

（4）该梁：$b \times h$=300mm×900mm，主要配筋：2φ22；4φ25，8φ12。底筋才4φ25，连二排筋都没用到，可以说该梁受力并不大，更多的应该是满足构造上的要求。砸梁，在正确标高处植筋，设新梁，在下方地梁处增设两条暗柱（与墙同宽），减小梁的跨度（但该处下面设计是条形基础，采用浆砌片石，分两层台阶砌筑，没有设计成地基梁），所以新梁应加大原有设计截面及配筋。

（5）在旧梁的上方制作新梁。在具体施工过程中要保留旧梁的梁头，作为新梁的牛腿，新梁在柱端制作为环形包裹框架柱，这样可以避免植筋。如果要采用植筋，为了减少对结构柱强度影响，可以一次钻一个孔植一根筋，待强度达到要求后，再钻另一个孔，植入另一根筋，这样比较费时间，但对结构有保障。

此牛腿顶标高为4.5m，而新梁底标高为：5.85-0.9=4.95m，所以在牛腿与新梁底有450mm的高差，此高差范围内需要在牛腿中浇注混凝土充满，或者做一钢结构的剪刀撑撑着新梁。

（6）砸梁，在使用空间允许范围内设置单独一品两柱小框架，可用型钢与纵向水平梁或柱连接，增加平面外稳定性。同时鉴于填充墙下面地基时条形基础，采用的是浆砌片石砌筑而成。为把两柱的基础稳定，采用在两个小柱下面对应的部位将条形基础挖开，重新设置独立柱基础。

6.梁底标高高于模板底7cm

错误：擅自凿除混凝土面，影响结构安全。钢筋植入尺寸不合格，清理范围不够，应全部清理。

原因及解决方案：因梁底标高高于模板底7cm，在不能破坏梁截面尺寸的前提下，施工单位采用凿掉已成型混凝土面，重新加筋处理。一般出现这种结构上的质量问题，施工单位都不能擅自解决，最好是如实反映问题，请设计院帮忙解决问题，提出整改方案。

在工程施工中，木工在安装现浇整体楼梯模板时常常出错，主要是因为建筑施工图上标注的尺寸和标高，是指装饰完工后的尺寸和标高，而在结构施工图上则是指承重结构(不含装饰层)的尺寸和标高。有的图纸上对施工中需要的一些尺寸，例如平台板底标高、梁底标高、梯段板底与梯梁交线的标高等都没有标出，施工时需另行计算。因此，为减少差错，在立模板之前，施工技术员应先绘出模板放线图。

7.墙体开裂

错误：墙体混凝土开裂，形成质量隐患。

原因及解决方案：混凝土在施工过程中由于温度、湿度变化，混凝土徐变的影响，地基不均匀沉降，拆模过早，早期受震动等因素都有可能引起混凝土裂缝发生。

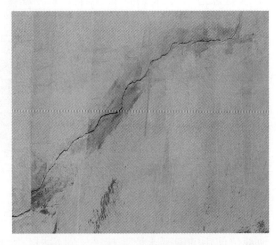

处理方法：当裂缝较细，数量不多时，可将裂缝用水冲洗后，用水泥浆抹补；如裂缝开裂较大、较深时，应沿裂缝凿去薄弱部分，并用水冲洗干净，用1：2.5水泥砂浆抹补，并且加强养护。此外，加压灌入不同稠度的改性环氧树脂溶液补缝，效果也较好。

预防措施：

（1）加强混凝土早期养护，浇灌完的混凝土要及时养护，防止干缩，冬季施工期间要及时覆盖养护，防止冷缩裂缝产生。

（2）大体积现浇混凝土施工应合理设计浇筑方案，时刻关注混凝土内外温差变化，及时降温（或保温），避免因温度压力产生裂缝。

（3）加强施工管理，混凝土施工时应结合实际条件，采取有效措施，确保混凝土的配合比、坍落度等符合规定的要求，选用水化热小的硅酸盐水泥，并严格控制外加剂的使用，同时应避免混凝土早期受到冲击。

8.柱质量问题

错误：柱脚烂根。

原因及解决方案：在施工现场，出现柱脚烂根问题主要有以下几个方面的原因。

（1）混凝土自由倾落高度超过2m，致使混凝土离析，砂浆分离，石子成堆。

（2）混凝土一次下料过多，没有分段分层浇筑，根部因振捣器振动作用有效半径不够。

（3）下料与振捣配合不好，未及振捣又下料或振捣不够，产生漏振。

（4）振捣混凝土时引发个别模板根部移位或模板距地面的缝隙没有堵严，导致跑浆。

（5）混凝土配合比中的砂子颗粒过细或含砂率较低，导致混凝土拌和后含不住浆，砂石与水进行沉淀分离。

解决方案：烂根现象较小时，可用清水冲洗干净，经质监人员认可后用其他部位使用的混凝土原浆抹平。对烂根较大的部位要将松动的石子和突出的颗粒进行剔凿，尽量剔成喇叭口，外边大一些，然后用清水冲洗干净，再用高一个强度等级的豆石混凝土或普通混凝土捣实并加强养护。

预防措施：

（1）混凝土下料前，要在墙体根部均匀铺撒10~15mm厚等同混凝土强度、同水泥品种的水泥砂浆。自由倾落高度超过2m时，因本工程墙体较薄而无法采取串筒、溜槽等措施下料，因此混凝土浇筑要分层下料、分层振捣。第一步下料高度不得超过40cm，以后每步下料高度不得超过45cm。振捣混凝土时，插入式振捣棒移动间距不应大于其作用半径的1.5倍，振捣棒至模板的距离不应大于其有效作用半径的1/2。对混凝土根部要进行二次振捣，提高接缝处的强度、密实度，再进行下一步混凝土浇筑。

（2）采用正确的振捣方法，振捣棒插点要按40~50cm等距离行列式顺序移动，不应乱插、以免漏振。振捣时要采取垂直振捣方法，即振捣棒与混凝土表面呈垂直状。如斜向振捣，不能小于45°。

合适的振捣时间可由下列现象判断：混凝土不再显著下沉，不再出现气泡，混凝土表面出浆呈水平状态，模板的边角也应填满充实并见到缝隙处已出灰浆。

（3）浇筑混凝土时，要经常观察模板、支架、缝、眼等情况，如有异常，立即停止浇筑，并在混凝土凝结前修整完好。严防漏浆。

（4）混凝土配合比应合理，水灰比不能过大，石子粒径要求30mm以下，不要使用河流砂。

9.柱混凝土浇筑后产生胀模

错误：柱子浇筑时胀模。

原因及解决方案：柱模板没有固定好，在浇筑时产生胀模现象，导致混凝土挤出。现浇混凝土胀模会造成构件尺寸增大，外形不规整，严重时需进行剔凿，影响混凝土的外观质量。施工中常见混凝土胀模的原因有以下几种：

（1）模板下口混凝土侧压力最大，采用大流动泵送混凝土时，一次浇筑过高、过快。

（2）阳角部位U形卡不到位及大模悬挑端过长。

（3）采用木板制作的门窗洞口、预留洞模板，其下脚支撑及定位困难。

（4）由于墙面残浆等原因，二次接槎部位模板不能保证与墙拼严。

（5）拼接处模板安装过松。

（6）随意取消对拉螺栓。

（7）采用跳模施工的墙，跳模落在钢筋上，不便打斜撑。

（8）柱采用定型钢模时，未使用阴角模，大角常连接不紧密，有空隙。

（9）浇筑梁无外脚手架时，周边梁外模安装质量难以控制，外模不顺直，支撑不牢；人为减少支撑数量，易使梁下沉；悬挑梁端部及后浇带处支撑数量不足，标高不准，跑模；跨中未按规定起拱时，易发生梁下沉现象。

（10）梁柱节点及楼板与剪力墙、柱交接处未制作定型节点模板、易胀模或模板吃进柱内。

处理方式：一般都是将胀模处的混凝土先进行凿除处理，凿至与其他面处于一个平面后应再略深于其他平面处，然后采用胶水和灰白水泥调和成一定的比例（应先在别的地方试验出颜色与其他面颜色一致）后进行混凝土胀模处的表面处理。

柱、梁模板胀模的预防措施：

（1）柱模外应设围檩和柱箍，柱箍间距应加密（间距不得大于40cm），同时柱箍与模板之间应采用对拔榫塞紧，以防凸肚或漏浆。柱边中部加拉螺栓。柱箍相对两边应大致处于同一水平上，不得翘裂，以免削弱其自身的刚度。柱上留设混凝土浇灌孔时，门子板应支撑牢固，必要时另加柱箍或斜撑。

（2）木模板侧模下口必须有夹木钉紧在支柱的横杆上。当梁侧模板上的通长围檩兼作楼板模板的桁架支座时，围檩下应加设短柱或短撑木。

（3）对拉螺栓应垂直于模板表面，否则受力后将发生错动而失去作用。对拉螺栓的拧紧程度应适当，拧得太松，模板在受力后即外凸，起不了固定模板位置的作用；拧得太紧，易造成滑丝，最终也失去对拉螺栓的作用。

（4）扣件的拧紧程度，对于钢筋支架的承载能力、稳定和安全有很大的影响。拧紧程度适当，可使扣件具有足够的抗滑、抗扭、抗拔强度，但不要用力过大，以防滑丝。

（5）浇捣混凝土时，不得用震动器强震模板，不得任意拆除柱箍、支撑或梁上口的拉杆。竖向构件应分皮浇捣，并控制施工速度，避免产生过大的侧压力。

（6）浇筑时应配备一定数量的模板工，经常检查未浇或正在浇筑部位的模板及支撑稳定情况，及时处理漏浆、跑模事件。

10.假的钢筋混凝土过梁

错误：施工时工人忘了装过梁，用砂浆粉在砖的外面。

原因及解决方案：施工人员完全没有质量规范意识，胡乱施工，置质量安全于脑后，抱着欺瞒、糊弄的态度，导致严重的质量后果。

对于这类问题，一定要下令整改，重新返工，并对相关负责人追究其责任，给予相应的处罚措施，避免再次出现"糊糊"工程。

11.楼梯的底板根部问题

错误：混凝土空鼓、蜂窝、麻面及露筋。

原因及解决方案：浇筑混凝土时，质量管理人员太松懈，模板没有清理干净，振捣不密实，造成混凝土出现众多质量问题，一般楼梯根部是不容易浇筑成这样的。

楼梯根部主要受剪力作用，像这样的情况受力肯定有影响。处理办法就是把所有不密实的石子杂物全部剔除，支模板呈簸箕口状，先用高标号素浆处理接槎部位，再用提高一个等级的混凝土填充振捣密实，混凝土强度达到拆模强度后拆模，达到设计强度后并凿去多余部分。在处理之前，最好能够与设计单位沟通一下，取得他们的同意。

12.过梁处露筋

错误：钢筋保护层不够，导致钢筋外露。

原因及解决方案：在现场施工中，露筋是一种常见的质量问题，通常都是由于以下原因导致的。

（1）混凝土浇筑振捣时，钢筋垫块移位或垫块太少甚至漏放，钢筋紧贴模板。

（2）钢筋混凝土结构断面较小，钢筋过密，如遇粒径大碎石卡在钢筋上，则混凝土水泥浆不能充满钢筋周围。

（3）因配合比不当混凝土产生离析，或模板严重漏浆。

（4）混凝土振捣时，振捣棒撞击钢筋，使钢筋移位。

（5）混凝土保护层振捣不密实，或木模板湿润不够，混凝土表面失水过多，或拆模过早等，拆模时混凝土缺棱掉角。

解决方案：将外露钢筋上的混凝土残渣和铁锈清理干净，用水冲洗湿润，再用1∶2或1∶2.5水泥砂浆抹压平整，如露筋较深，将薄弱混凝土剔除，冲刷干净湿润，用高一级的细石混凝土捣实，认真养护。

预防措施：

（1）灌注混凝土前，检查钢筋位置和保护层厚度是否准确。

（2）为保证混凝土保护层的厚度，要注意固定好垫块。一般每隔1m左右在钢筋上绑一个水泥砂浆垫块。

（3）钢筋较密集时，选配适当粒径的碎石。碎石最大粒径不得超过结构截面最小尺寸的1/4，同时不得大于钢筋净距的3/4。结构截面较小、钢筋较密时，可用细石混凝土浇注。

（4）为防止钢筋移位，严禁振捣棒撞击钢筋。

（5）混凝土自由顺落高度超过2m时，要用串筒或溜槽等进行下料。

（6）拆模时间要根据试块试验结果确定，防止过早拆模。

（7）操作时不得踩踏钢筋，如钢筋有踩弯或脱扣者，应及时调直，补扣绑好。

13.预留洞封堵问题

错误： 预留洞封堵不按方案施工，采用干砖堆砌，存在重大隐患。

原因及解决方案： 现场施工人员质量意识淡薄，为了图省事，采用砖砌封堵剪力墙预留洞，形成质量隐患。

在现场施工中，预留洞通常分为内控预留洞、水暖电气安装预留洞及挑架预留洞三种，其封堵也各有其不同之处。在封堵预留洞时，应该做相应的专项施工方案，并严格按照方案实施。

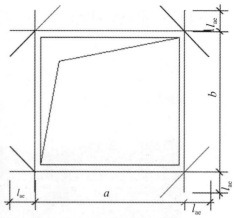

（1）内控预留洞在主体封顶测量后，清理残余模板，将洞口部位松散混凝土凿除，用水清洗干净，并保持二次浇筑部位湿润，采用胶木板吊模。各项工作完成后，报监理工程师验收后采用高一等级的微膨胀豆石混凝土浇筑，浇筑后加强养护。

（2）水暖电气安装预留洞，在所有安装工程完成后，清理残余垃圾，将洞口部位松散混凝土凿除，用水清洗干净，并保持二次浇筑部位湿润，采用胶木板吊模。各项工作完成后，报监理工程师验收后采用高一等级微膨胀的豆石混凝土浇筑，浇筑后加强养护。

（3）挑架预留洞，挑架预留洞为竖向结构，挑架槽钢拆除完毕，清理残余垃圾，将洞口部位松散混凝土凿除，并剔成喇叭口，然后用清水冲洗干净，并保持湿润72小时，采用胶木板对拉。各项工作完成后，报监理工程师验收后采用高一等级的微膨胀豆石混凝土捣实，浇筑后加强养护。

在封堵预留洞时，还应该对洞口进行加筋，保证封堵的质量，见上配筋图及表5-1配筋表。

表5-1　剪力墙洞口加筋表

序号	洞口边长	洞口钢筋
1	$200 < b$ 或 $a < 400$	$2\phi16$
2	$400 < b$ 或 $a < 600$	$2\phi18$
3	$600 < b$ 或 $a < 800$	$2\phi20$

14.浇筑混凝土时向里面抛大石头

错误: 首先,底板不是很厚,才500mm,水泥凝结硬化时所释放出的水化热不是很大(这个可以通过计算确定),现在有很多工程的底板比这个工程还要大,施工过程中没放石头也取得了很好的效果。其次,在绑扎完毕的钢筋网上面放石头,如果上层钢筋网没有有效固定,那么就会造成钢筋移位,使钢筋的保护层增大,同时,也降低了h_0的高度,降低了底板的承载能力。所以,一般来说,除非是设计或者甲方同意,该底板不宜投放毛石。

另外,即使该底板经过甲方或者设计同意,可以投放毛石,这施工管理也不到位,毛石投放关键点在于毛石的摆放,要有序,有计划,不能随意抛投,否则质量难以保障。

通过上图还可以看出下列问题:

(1)浇筑混凝土应该搭设专门的施工通道,以利于施工人员及运输车辆的行走。

(2)混凝土的浇筑方向存在问题:图中的浇筑方向是向前浇筑的,正确的应为后退浇筑。混凝土浇筑完毕后应及时进行养护,在刚刚浇筑完毕的混凝土上进行施工作业,不断地对混凝土进行扰动,不利于混凝土强度的增长,同时混凝土极易产生人为的破坏性裂缝。

（3）混凝土的运输应优先采用机械运输。比如，汽车混凝土输送泵、地泵及塔吊等。

原因及解决方案：毛石混凝土一般用在基础工程的多，按设计要求，或者征得设计同意，可以在混凝土中放置石块，但是对石块强度、数量以及石块位置（间距）均有所要求，如毛石混凝土带形基础、毛石混凝土垫层等。也有用在大体积混凝土浇筑，为了减少水泥用量减少发热量对结构产生的影响，在浇筑混凝土时加入一定量毛石。浇筑混凝土墙体较厚时，也掺入一定量的毛石，如毛石混凝土挡土墙等。要注意的是：毛石混凝土施工中，埋放石块的数量不应超过混凝土结构体积的25%，石块的最大尺寸不应超过填放处结构最小尺寸的1/4，粒径控制在200mm以下，对所用片石材料要求:无裂纹、无风化、无夹层、无水锈，且未被烧过的，其抗压强度不低于30MPa或者混凝土的强度。所用的片石均冲洗干净，不得留有其他杂物。

施工中应注意：

（1）毛石埋放均匀，不得倾倒成堆。

（2）施工时毛石之间有一定的空隙，空隙不小于10cm。若有钢筋的混凝土，毛石埋放不能紧靠钢筋和预埋筋。毛石的最外边距模板距离不得小于15cm（这点对毛石混凝土外观成型质量很重要）。

（3）混凝土要求：坍落度适当放大，和易性要好，添加减水剂效果较好。

（4）强化混凝土振捣，确保混凝土和石料之间的紧密结合。

（5）投料的过程中要有专人进行现场指挥和质量控制，不能随心所欲，加强过程控制才能确保毛石混凝土的浇筑质量。

15.浇筑混凝土堵管严重

错误：浇筑混凝土，堵管严重，施工进度受到严重影响。

原因及解决方案：混凝土浇筑过程中导管被堵或其中异物堵塞，使浇筑中断，这种情况称为堵管。出现堵管的情况，主要有以下几个方面的原因，应该逐一排查。

（1）人为方面原因。

1）混凝土泵选型、输送管尺寸选择不当。在安排泵送前，应到现场观察地形、水平距离以及垂直高度等泵送条件，选择合适混凝土泵，以免选用泵送压力达不到要求的混凝土泵，造成泵送过程中堵泵与堵管。输送管尺寸要根据粗集料等要求选取规格，以免选择不当造成堵管。

2）管道的连接、布置不合理。管道布置应尽可能短，弯、锥管尽可能少，弯管角度尽可能大，以减小输送阻力；保证各管卡接头处的可靠密封，以免砂浆外泄造成堵管；水平管路长度应不少于垂直管路长度的15%，当垂直高度较高时，应在靠近泵机水平管路处加装通止阀，防止停机倒流造成堵管；未端软管弯曲不得超过70°，不得强制扭曲；当采用二次布管法时，应预先铺设好要连接的输送管，并要保持新的管道经过润湿且不宜过长。

3）管道内壁未清洗干净。在上次输送管用完后，没有彻底清洗干净，每回用完应对输送管特别是一些弯管认真清洗，以免越积越厚造成堵管。

4）泵送前润滑不到位。泵送前先用一定量水润湿管道内壁，再泵送适量砂浆润滑，这里一定要注意的是泵送砂浆前一定要将管道内的水全部放掉或用一海绵球将砂浆与水分开，否则在泵送砂浆时会使砂浆离析而堵管。

5）泵送速度选择不当。开始泵送时，应处于慢速，泵送正常时转入正常速度，不能一味图快，盲目增加泵送压力而造成堵泵或堵管。当混凝土供应不及时时，宁可降低泵送速度也要保持连续泵送，但不能超过从搅拌机到浇筑的允许连续时间。

6）斗内混凝土量控制不当。在泵送过程中，料斗内混凝土务必在搅拌轴中线以上，否则极易吸入空气产生气阻现象，使泵送无力产生堵管现象；料斗格筛上不应堆满混凝土，造成混凝土难以流入料斗，且不易清除超径集料及杂物，也容易引起吸空堵管；停顿时料斗要保留足够混凝土，每隔5~10分钟作各两个冲程防止混凝土离析，对停机时间过长、混凝土已初凝要清除混凝土泵和输送管中的混凝土。

7）操作人员未注意到异常情况。操作人员要随时注意泵送压力、油温、输送管的情况，出现异常立即停止泵送，查明原因，避免堵泵或堵管。

8）混凝土供应频率不当。要与施工方或操作人员时刻保持联系，防止供应频率过快或过慢。频率过快，造成后面的混凝土等待时间加长，坍落度变小，泵送困难造成堵泵、堵管；频率过慢，造成混凝土供应间隔时间太长，停泵时间超过混凝土从出搅拌机到浇筑完毕的时间，造成在管路里面的混凝土初凝。

9）未经技术人员许可私自向混凝土中加水。当混凝土坍落度偏小时，应降低泵送速度，坍落度不适合泵送时，要及时联系技术人员经二次流化后泵送，禁止随意向搅拌车或料斗内的混凝土直接加水，否则极易造成堵泵或堵管。

（2）混凝土泵方面原因。

1）混凝土缸与活塞磨损严重。随着设备工作时间的加长，活塞的唇边逐渐磨损，当达到一定程度时，部分砂浆会渗漏在混凝土缸壁上，与水箱中的水接触后，水在短期内迅速变浑，应更换活塞，否则漏浆严重会造成堵管；混凝土缸出口部位磨损较快，水箱中的水也会因漏浆立即变浑，应更换输送缸。

2）切割环与眼睛板磨损严重（仅适用于S阀泵）。切割环和眼睛板磨损严重时，使S阀与眼睛板间隙过大，漏浆严重，泵送压力损失而减少，易造成堵泵或堵管。间隙过大应调节摆臂上的调节螺母，使橡胶弹簧保持一定的预紧力，磨损严重时应更换切割环和眼睛板。

3）阀窗未关紧、漏气（仅适用于蝶阀泵）。阀窗未关紧、阀窗的密封圈损坏，输送泵在吸料时吸入空气，导致气阻、吸入效率急剧下降，造成堵泵或堵管，应定时检查阀窗的情况，关紧阀窗及更换密封圈。

4）阀箱盖与阀箱体间、料斗与阀箱体间的石棉垫破损（仅适用于蝶阀泵）。上面两个部位间的石棉垫破损的话，会导致漏气，泵送压力下降，造成堵管，应时常检查，及时更换石棉垫。更换石棉垫时，要用白铅油加以密封，增强密封度。

5）蓄能器内压力不足。作为迅速补充换向压力和能量的蓄能器，要保证内部氮气的充足（弹簧式蓄能器已不多见），特别在泵送高强度混凝土及高层时更应注意，预充压力达不到一定压力，在混凝土泵压力不足时难以补充，可能造成堵泵或堵管。

（3）其他原因。

1）环境温度。环境温度32℃以上时，因太阳光直射，输送管管壁温度最高可达70℃以上，使混凝土极易出现水分蒸发，特别是管壁的润滑膜、托浮力逐渐下降，造成堵管。应用草袋、布袋等吸水后将输送管覆盖起来，并及时浇水降温，保持泵送的连续性，停歇时间不得超出30分钟。环境温度-12℃以下时，部分水泥颗粒表面水膜超出防冻剂作用范围，形成结晶状态，混凝土流动性变差，造成堵管。应保持混凝土入泵温度在-12℃以上，并要给输送管以保温措施，有条件可以使施工现场封闭，加以取暖设施，给搅拌车滚筒加防冻套，混凝土在输送管停歇不超过30分钟，尽量保持泵送的连续性。

2）配料机混仓。粗集料储备量超过仓位上限，滑入旁边的砂仓与砂混合在一起，在投料时将混合物作为砂用量，泵送时由于粗集料过多造成堵泵或堵管。要加强上料人员的责任心，避免此类情况的出现。

3）搅拌车搅拌叶片损坏。当采用搅拌车运送混凝土时，由于搅拌车滚筒内搅拌叶片磨损造成部分粗集料下沉到底部，在泵送到此部分混凝土时，混凝土中粗集料过多，易发生堵泵或堵管。应定期检查搅拌叶片，磨损严重时要予以更换。

4）掺纤维混凝土搅拌时间不够。当前许多大体积或特殊要求的混凝土要求掺入一定量纤维（聚丙烯纤维、钢纤维等），如果搅拌时间过短，纤维拌和不均匀造成一些混凝土结块，泵送时易造成堵泵或堵管。应适当延长混凝土搅拌时间，使混凝土拌和物均匀，避免结块。

堵管问题的处理：

（1）浇筑过程中发生堵管时，仔细分析堵管原因及位置，查对浇筑记录，确认管底位置和埋深，及时采取措施避免其他导管同时被堵。

（2）以最大限度上下反复抖动导管，开始时，每次提升不宜过高，不得向下猛蹾，以防引起导管破裂、混凝土离析等问题，从而增加处理难度。

（3）若以上处理方法均无效，应果断抓紧时间起拔导管重新下管浇筑。重新浇筑时，管底应插入混凝土0.5~1.0m，同时以小抽筒抽净管内泥浆，并至少注入1.0m³砂浆。

要想解决堵管的问题，首先要增加混凝土的和易性，配合比要重新调整。如果是高强度混凝土的话，要想达到强度，粗骨料的用量肯定很大，和易性就没有办法保证，可以适当地加入改变混凝土性能的添加剂。另外混凝土的运输也是问题，当间歇的时间过长时要注意及时清理混凝土泵管。

堵管预防：

（1）泵管直径选择：石子粒径不能超过管径的1/3，否则要么选用150mm直径输送管，要么改石子。通常石子5~31.5mm，管径100mm。

（2）润管、洗管：第一灌混凝土浇筑前，必须润管，一般采用同配合比砂浆或者减半石混凝土，数量不少于1m³，管路过长（80m以上）酌情增加方量；混凝土浇筑完成必须清水洗管，以海绵球（橡皮球）冲出末端为结束。

（3）泵送混凝土坍落度选择：一般情况，地下室结构，坍落度110mm；30m以下，坍落度130mm；60m以下，坍落度150mm；80m以下，坍落度180mm；100m以下，坍落度200mm；120m以下，坍落度220mm。再往上，一般需要转接泵处理。泵送混凝土坍落度过大，水化热大，成本高，混凝土易开裂；选择过小，可泵性不足。天气高温，可适当增加缓凝剂，根据施工要求，确定初凝时间，搅拌站试配。

（4）尽量减少施工间歇时间，如工人吃饭等。在不得不间歇时，泵车操作时不应该间断，每分钟正冲一次、反抽一次，保证混凝土与管壁之间润滑。

（5）根据混凝土施工具体进度，及时调度车辆供应，到达工地搅拌车等待泵送间歇时间不宜超过1小时。

16.钢筋间距太密，无法浇筑混凝土

错误： 钢筋间距太密，导致无法浇筑混凝土。

原因及解决方案： 这是核电站的堆坑墙，现场钢筋实在是太密，所以最后是把拉筋去掉了一竖排，才能够插入振动棒，完成浇筑混凝土。

在实际施工中，如果碰到钢筋间距较密的，可以从以下几个方面考虑进行施工：

（1）混凝土坍落度要大一些。

（2）换最细的振捣棒，可以选择埋置。

（3）如果是钢模板的话可以用模板振捣器。

17.锥形基础浇筑质量不合格

错误：（1）模板在安装过程中，部分加固不牢，如杯口处有部分出现截面变形，在安装模板前没有涂刷脱模剂，再加上拆模时间过早，而造成混凝土表现为观感质量差。

（2）底座与斜面的混凝土完全分离，应该一次浇筑的却分为二次浇筑，有部分漏振现象。

（3）自拌混凝土石子较大，级配不好，浇筑时直接用木抹子搓平而没用振动棒振捣。

原因及解决方案：具体原因应该是气温过低、施工队伍搅拌混凝土配比失调、施工工艺粗糙、拆模过早等。这个基础是个锥形基础，锥形基础混凝土的浇捣时机把握很关键，要求混凝土既不能太稀（流动性太高，堆不成锥形），也不能太干（堆筑不起来），所以要求在混凝土流动性恰好合适的时候进行振捣，堆筑成型并压光，才能达到较好的外观效果。不过该锥形基础已安装了侧模，造成蜂窝麻面的原因主要是没有很好地做到分层浇注，一次性浇注的高度太高，导致根部离析。

解决方案：

（1）麻面主要影响使用功能和美观，应加以修补，将麻面部分湿润后用水泥砂浆抹平。

（2）如果蜂窝较小，可先用水洗刷干净后，用1∶2或2∶5水泥砂浆修补。

（3）如果蜂窝较大则先将松动石子剔掉，用水冲刷干净湿透，再用提高一级标号的细石混凝土捣实并加强养护。

18.混凝土浇筑常见通病

错误： 混凝土出现蜂窝、麻面、孔洞、露筋等质量问题。

原因及解决方案： 现场施工控制不严，在浇筑混凝土过程中未严格按规范要求施工，导致出现大面积的质量问题。混凝土在建筑工程中的使用越来越广泛，混凝土工程施工过程中，经常发生蜂窝、麻面、孔洞、露筋等质量通病，这些质量通病如不能根除，将影响结构的安全。

（1）常见质量通病。

1）混凝土强度偏低，匀质性差，低于同等级的混凝土梁板，主要原因是随意改变配合比，水灰比大，坍落度大；搅拌不充分均匀；振捣不均匀；过早拆模，养护不到位，早期脱水表面疏松。

2）混凝土柱"软顶"现象，柱顶部砂浆多，石子少，表面疏松、裂缝。其主要原因是：混凝土水灰比大，坍落度大，浇捣速度过快，未分层排除水分，到顶层未排除水分并二次浇捣。

3）混凝土的蜂窝、孔洞。主要原因是配合比不正确；混凝土搅拌时间短，未搅拌均匀，一次下料过多，振捣不密实；未分层浇筑，混凝土离析，模板孔隙未堵好，或模板支撑不牢固，振捣时模板移位漏浆。

4）混凝土露筋，主要原因是混凝土浇筑振捣时，钢筋的垫块移位，或垫导块太少甚至漏放，钢筋紧贴模板致使拆模后露筋；钢筋混凝土结构截面较小，钢筋偏位过密，大石子卡在钢筋上，水泥浆不能充满钢筋周围，产生露筋；因混凝土配合比不准确，浇筋方法不当，混凝土产生离析；浇捣部位缺浆或模板严重漏浆，造成露筋；本模板湿润不够，混凝土表面失水过多，或拆模时混凝土缺棱掉角，造成露筋。

5）混凝土麻面，缺棱掉角。主要原因是模板表面粗糙或清理不干净；浇筋混凝土前木模板未湿或湿润不够；养护不好；混凝土振捣不密实；过早拆模，受外力撞击或保护不好，棱角被碰掉。

（2）控制措施。

1）混凝土强度偏低，匀质性差的主要控制措施。

①确保混凝土原材料质量，对进场材料必须按质量标准进行检查验收，并按规定进行抽样复试。

②严格控制混凝土配合比，保证计量准确，按试验室确定的配合比及调整施工配合比，正确控制加水量及外加剂掺量。加大对施工人员宣传教育力度，强调混凝土桩结构规范操作的重要性，改变其认为柱子混凝土水灰比大则易操

作易密实的错误观念。

③混凝土应拌和充分均匀，混凝土坍落度值可以较梁板混凝土小一些，宜掺减水剂，增加混凝土的和易性，减少用水量。

④振捣要均匀密实，截面积较小、高度较高的柱就大柱模侧开设洞口，分段浇筑。

⑤需改变柱模过早拆除、不养护的传统坏习惯；改变混凝土柱失水过快、表现疏松、强度降低的状况。

2）混凝土柱"软顶"的主要控制措施。

①严格控制混凝土配合比，要求水灰比、坍落度不要过大，以减少泌水现象。

②掺减水剂，减少用水量，增加混凝土的和易性。

③合理安排好浇筑混凝土柱的次序，适当放慢混凝土的浇筑速度，混凝土浇筑至柱顶时应二次浇捣并排除其水分和抹面。

④连续浇筑高度较大的柱时，应分段浇筑，分层减水，尤其是商品混凝土。

3）混凝土柱蜂窝孔间的主要控制措施。

①混凝土搅拌时，应严格控制材料的配合比，经常检查，保证材料计量准确。

②混凝土应拌和充分均匀，宜采用减水剂。

③模板缝隙拼接严密，柱底模四周缝隙应用双面胶带密封，防止漏浆。

④浇筑时柱底部应先填100mm左右厚的同柱混凝土级配一样的水泥砂浆。

⑤控制好下料，保证混凝土浇筋时不产生离析，混凝土自由倾落高度不应超过2m。

⑥混凝土应分层振捣，在钢筋密集处，可采用人工振捣与机械振捣相结合的办法，严防漏振。

⑦防止砂石中混有黏土块等杂物。

⑧浇筋时应经常观察模板、支架墙缝等情况，若有异常，应停止浇筑，并应在混凝土凝结前修整完毕。

4）混凝土露筋的主要控制措施。

①混凝土浇筑前，应检查钢筋和保护层厚度是否准确，发现问题及时修整。

②混凝土截面较小、钢筋较密集时，应选取配适当的石子。

③为了保证混凝土保护层厚度，必须注意固定好垫块，垫块间距不宜过稀。

④为了防止钢筋移位，严禁振捣棒撞击钢筋，保护层混凝土要振捣密实。

⑤混凝土浇筑前，应用清水将模板充分湿润，并认真填好缝隙。

⑥混凝土柱也要充分养护，不宜过早拆模。

5）混凝土麻面缺棱掉角的主要控制措施。

①模板面清理干净，不得粘有干硬水泥砂浆等杂物。

②模板在混凝土浇筑前应充分湿润，混凝土浇筑后应认真浇水养护。

③混凝土必须按操作规程分层均匀振捣密实，严防漏浆。

④拆除柱模板时，混凝土应具有足够的强度；拆模时不能用力过猛、过急，注意保护棱角。

⑤加强成品保护，对于处在人多运料等通道时，混凝土阳角要采取相应的保护措施。

19.下雪天浇捣的混凝土出现质量问题

错误： 下雪天为了抢工期，盲目赶工，导致混凝土出现质量问题。

原因及解决方案： 模板封好之后，柱子以及剪力墙里面有很多积雪，当时用热水去浇，但是由于气温太低，效果并不明显。后来用高压水枪去冲，冲了很久，用手电筒去照，看了好像没有积雪了，可能当时有很多的水没有及时流出去，进入夜晚就结冻了，后来拆模发现柱子底部有2~3cm的蜂窝。另外，由于气温太低，木工回家心切，混凝土水分没有蒸发到位就拆了侧模，造成外侧两根柱子有1~2cm的冻坏现象。

浇注混凝土前没能及时清理模板内的杂物，没能合理处理板内的积雪和冰，是导致这次质量问题的主要原因。此外，混凝土表面麻面现象完全为一线操作人员违反施工程序及规程，拆除侧模过早所导致。

解决方案： 应根据烂根的具体深度而定，如果是烂根深度较大的严重情况，需凿除或进行碳纤维加固；如果烂根不是很深很严重的话，对烂根部位进行凿毛，用水冲洗干净后，采用微膨胀混凝土对其进行浇筑。混凝土表面麻面也应区别对待，应检查清楚是否只是表面问题，是否还有其他质量问题，如果有，应根据情况加固，如果只是墙体表面问题，建议敲掉麻面，重新修补。

20.柱子浇筑位移

错误： 柱子浇筑后，出现位移偏差。

原因及解决方案： 柱子是400mm×400mm，保护层为30mm。

柱子在浇筑混凝土时，现场施工人员未控制好柱筋偏移，导致整体出现位移。一般现场混凝土施工时，应安排专人检查钢筋，若发现有位移，及时扶正。

如果位移没有偏出柱子的边线，应该不难处理。冷弯（顺弯）一下就行了，不过要注意弯折角度，看位移尺寸也就是40mm弯折高度保证在250mm以上（顺弯不小于1：6）；超过保护层两倍，就必须进行柱根剔凿混凝土，校正钢筋。

21.柱子浇筑质量问题

错误：混凝土浇筑时混凝土强度不够，拆摸太早，出现问题后随便用水泥砂浆修补。

原因及解决方案：这些柱子质量问题所在的位置，可推断主要原因就是混凝土振捣操作技术差，明显没有振捣到位，出现漏振，以致该部分只有部分

石子，出现严重漏筋、蜂窝、孔洞等问题。此外，木工技术水平低，拼缝质量差，漏浆严重。拆模过早，混凝土强度未能保证拆模时棱角不受损伤。

出现这些质量问题后，一定不能随便用水泥砂浆敷衍了事，而应该仔细分析质量问题的发展程度，根据其严重程度的不同，采取水泥砂浆抹平、高标号细石混凝土填充、加固，甚至拆除重新返工等不同的处理办法。

22.混凝土振捣不足

错误： 混凝土振捣不足，导致结构质量问题。

原因及解决方案： 现场操作工人经验不足，未遵守混凝土振捣的一般要求与规定，导致出现质量问题。出现这种问题后，一般应查验施工记录，并检验结构质量，若结构未受大的影响，可采用砂浆抹面的方法进行修补；若结构受力不合格，则应拆除返工。

混凝土振捣，应依据振捣棒的长度和振动作用有效半径，有秩序地分层振捣，振动棒移动距离一般可在40cm左右（小截面结构和钢筋密集节点以振实为度）。振捣棒插入下层已振混凝土深度应不小于5cm，严格控制振捣时间，一般在20秒左右，严防漏振或过振。并应随时检查钢筋保护层和预留孔洞、预埋件及外露钢筋位置，确保预埋件和预应力筋承压板底部混凝土密实，外露面层半整，施工缝符合要求。封闭性模板可增设附着式振捣器辅助振捣。

混凝土振捣方法应遵循垂直插入、快插、慢拔、"三不靠"等原则进行。

（1）插入时要快，拔出时要慢，以免在混凝土中留下空隙。

（2）每次插入振捣的时间为20~30秒，并以混凝土不再显著下沉、不出现气泡、开始泛浆时为准。

（3）振捣时间不宜过久，太久会出现砂与水泥浆分离，石子下沉，并在混凝土表面形成砂层，影响混凝土质量。

（4）振捣时振捣器应插入下层混凝土10cm，以加强上下层混凝土的结合。

（5）振捣插入前后间距一般为30~50cm，防止漏振。

（6）三不靠：振捣时不要碰到模板、钢筋和预埋件。在模板附近振捣时，应同时用木槌轻击模板，在钢筋密集处和模板边角处，应配合使用铁钎捣实。

23.柱梁交接处出现问题

错误：柱梁交接处出现漏浆、麻面、露筋等问题。

原因及解决方案：主要是因为模板支设有问题，加固不牢，接缝处理不好，导致结构截面尺寸偏差较大，出现胀模、漏浆现象。此外，在施工过程中，混凝土振捣不到位，不密实，有蜂窝、麻面等质量缺陷。处理补救办法就是混凝土表面进行剔凿，用砂浆或者高一个等级的细石混凝土进行修补。

在施工中，可以考虑从以下几个方面进行控制：

（1）注意模板的支设，控制好结构截面尺寸；上部模板支设需要加强，如果有条件的话加一道对拉螺杆，那样胀模的情况就容易控制了；底部可以贴防水条或者海绵条，防止跑浆产生蜂窝麻面。

（2）底部混凝土浇筑前先浇注10~20cm砂浆，可以提高柱接槎部位表观质量。

（3）加强振捣，以免产生漏点，从而提高混凝土成型质量。

24.混凝土漏振造成的恶果

错误：混凝土未进行有效振捣，造成大量空洞、露筋，而且混凝土松散。

原因及解决方案：如果空洞太大，可以找加固公司或设计单位咨询一下。如果仅是蜂窝，可以按常规做法处理。

（1）拆模后等两天，等强度稍微高点。人工轻轻凿除松散混凝土，成上大下小，便于振动棒振捣。

（2）用清水冲洗干净，模板做成牛腿状，牛腿上口应盖过孔洞最高面并封严。

（3）用比原混凝土高一个等级的微膨胀细石混凝土浇筑，混凝土面应盖过孔洞最高位置，用振动棒或粗钢筋仔细捣实。

（4）拆除模板，轻轻凿除多余部分混凝土。

25.窗台与剪力墙交界处混凝土浇筑的问题

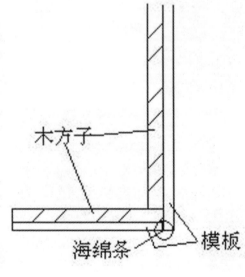

错误：窗台与剪力墙交接处总是漏浆严重，每次浇完之后都会有很大的洞需要找补很麻烦。

　　原因及解决方案：现场采用绑钢丝网的办法，但结果要不这里出现个大的包，要不就是浇筑不满。

　　应把窗台模板全部封起来，根据窗台的长度开排气孔，混凝土浇筑振捣时，要从排气孔中排出水泥浆。墙和窗台接口处阴角塞海绵条，竖模板压窗台模板，并且用砂浆再次将交接处堵密实，具体做法示意图见上图。最后减小混凝土坍落度，让浆体不会轻易流出。

26.楼面混凝土振捣问题

错误：混凝土浇筑现场较为混乱。

（1）安全防护不到位，包括安全帽和楼层四周脚手架没有及时跟上去，脚手架没按要求超过露面1.2~1.5m高，安全网也应该一起配备，在浇筑层应形成一个封闭的作业层，避免出现安全隐患。

（2）每台泵车的出口处一般需三台振捣棒，现场设备工具不全。

（3）无跳板、走道板铺设，现浇板钢筋都被踩踏成一层了，板的抗剪降低了，会引起板的裂缝。

（4）浇楼面板时振捣手采用拖棒，这是个通病。

（5）侧模加固太儿戏了，就几块小方板，很难保证不胀模。

原因及解决方案：现场施工管理比较混乱，施工人员质量、安全意识淡薄。一般来说，在现场施工过程中，楼面混凝土的振捣施工可以从以下几个方面进行控制：

（1）施工前准备。

1）完成钢筋隐检、模板预检工作，检查支铁、垫块，注意保护层厚度，核实预埋件的位置、数量及固定情况。检查模板拼接是否严密，加固是否可靠，各种连接是否牢固，针对本工程，尤其是后浇带处模板支设情况。

2）检查并清理模板内残留杂物。

3）汽车泵、振捣器等机械设备应经检查、维修，保证浇筑过程顺利进行。

4）检查电源、线路，并做好照明准备工作。

5）配齐所有管理人员和施工人员及一些钢筋工、木工，并对所有人员进行技术交底、安全交底。

6）人员行走的马道须支设牢固，并经安全部门验收。浇筑前清整现场道路，保证混凝土运输通畅。

（2）混凝土浇筑。

1）混凝土浇筑除楼板用平板振动器对楼面进行两次振捣外（控制好时间），其他结构均采用插入式振动器，每振一点的振动延续时间，应使表面呈现浮浆和不再沉落。插入式振动器的移动间距不宜大于作用半径的1.5倍，插入式振动器与模板的距离，不应大于其半径的0.5倍，并应避免碰撞钢筋、模板等，注意要"快插、慢拔、直上、直下、不漏点"，上下层搭接不小于50mm，平板振动器移动间距应保证振动器的平板覆盖已振实部分的边缘。

2）浇筑混凝土的过程中应派专人看护模板、钢筋，调整纠偏，发现模板有变形、位移时立即停止浇筑，并在已浇筑的混凝土凝结前修整完好。对柱梁板交叉处，钢筋过密，振捣时须保证混凝土填满、填实，以防出现孔洞。

3）混凝土强度小于1.2MPa时不得上人进行施工，当强度小于10MPa时禁止在楼面上堆放重物，吊装施工材料上楼面时要轻放，并在楼面上铺设板子以减小对楼面的冲击力。

4）浇筑后4~6h内在混凝土表面盖一层麻袋布，再洒水养护，转角部位麻袋片需搭接，不得有裸露的混凝土表面。浇水养护时，3天内每天浇水4~6次，3天后每天浇水2~3次，养护时间不少于14天。

（3）成品保护及环保要求。

1）浇筑混凝土时必须在钢筋网上铺上踏板，尽量不踩钢筋，不碰动预埋件和插筋，同时要保证钢筋和垫块的位置正确。

2）不用重物冲击模板，不在模板上踩踏，以保护模板的牢固和严密。

3）已浇筑底板的表面混凝土要加以保护，必须在混凝土强度达到1.2MPa以后，方准在上面进行操作及安装结构用的支架和模板，且操作架下口必须垫上150mm×150mm竹胶板。在混凝土表面不许出现脚印。

4）现场在浇筑过程中遗洒的混凝土应及时派专人清理并送到指定的垃圾站，并做到工完场清。

27.施工缝问题

错误：施工缝处封堵不严。

原因及解决方案：现场施工人员施工缝处理措施不当，影响后续施工。施工缝主要是指钢筋混凝土竖向构件的水平施工缝，根据其留置部位分为有防水要求的施工缝和无防水要求的施工缝。有防水要求的施工缝主要指地下室外墙上留置的施工缝，无防水要求的施工缝包括地下室内墙柱水平施工缝，其留置位置为每层楼板板面处。施工缝的处理方法可参考下面的操作进行。

（1）有防水要求的水平施工缝处理方法。

1）根据设计图纸，在施工缝中间沿结构周圈设置一条400mm×3mm封闭钢板止水带。止水带钢板选用A3钢，每段长6m，两段止水带搭接长度100mm，沿竖向满焊，焊缝不得有气孔、夹渣现象，保证密实不漏水。

2）钢板止水带在墙中每隔2m用φ25钢筋焊接支架，固定牢固，并且保证位置准确。

3）每层500mm高短墙与下部结构混凝土同时浇筑，注意控制混凝土浇筑标高至板面上500mm处，不得偏高或偏低。

4）浇筑上层混凝土前应将结合处已有混凝土面清理干净，剔除表面浮浆及松动石子等杂物，钢板止水带表面也应清理干净，并用清水冲洗。在外防水施工时应对施工缝处采取加强措施，如加做一层加强层等。

5）在浇筑上部结构混凝土时，将接槎面用水充分润湿，并且要求在混凝土施工前在接槎面上先浇筑一层50mm厚与结构混凝土同配比的水泥砂浆，以保证新旧混凝土的有效结合。

（2）无防水要求的水平施工缝处理方法。

1）先清洗干净新旧混凝土接槎处的凿毛面，采用塔吊运输浇筑与新浇筑混凝土同配比的水泥砂浆30~50mm厚，然后浇筑新混凝土。

2）为方便施工，无防水要求的竖向结构的水平施工缝一般留置在梁板顶面，板下侧部分的尽量一次浇筑完成，浇筑时注意不同强度等级混凝土浇筑时的先后顺序。

28.混凝土漏浆

错误：（1）局部胀模现象明显。

（2）漏浆现象严重，新旧混凝土接缝处明显无水泥浆。

原因及解决方案：这样的情况不算特别严重，主要还是漏浆的原因属于质量通病。一方面木模板没有贴海绵条；另一方面木模的上口平整度控制不好，造成下次支模时，模板下口不平整，必然造成模板的缝隙过大。对于这种问题，一般是先用水将表面润湿，或涂刷界面剂，然后用1：2的水泥砂浆抹压平整。

不过，如果结构内部混凝土也不密实，就得请设计单位过来检查，提出解决方案。一般的处理方法就是：模板支模成牛腿样式，再把此部位充分湿润，喷上新旧混凝土结合剂二道；再用比此部位混凝土高一个等级的混凝土加膨胀剂浇筑。处理后的混凝土需要养护到位，最好是派专人养护。

29.施工后堵灰浆问题

错误：施工后堵灰浆效果不是很理想。

　　原因及解决方案：钢丝网太软肯定挡不住，应该选用相对硬一些的钢丝网，直接拦在梁里面。实际施工中，有人试过用毛竹片插进梁里，底部稍微顶一下，不过效果也不是最好。另外让木工锯块模板挡住也行，不过相对而言比较费工夫。现在有些工地在后浇带施工中采用快易收网，如下两图，效果不错。

30.混凝土收面问题

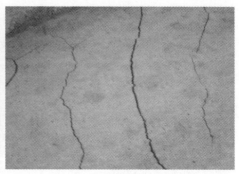

　　错误：混凝土收面外观质量不合格，甚至干裂。

　　原因及解决方案：

　　（1）施工员错误估计了混凝土初凝时间，混凝土初凝收浆时，未及时收面压光，导致外观质量差。

　　（2）泵送混凝土未进行收面，导致表面干裂。

　　混凝土收面一般要两遍，在振捣完成后收一道面子，最重要的是在将要初凝前几分钟收第二道面，这样收的混凝土面子比较光滑且不易裂缝。混凝土进行二次收光，主要是防止表面产生塑性收缩裂纹，压实混凝土由于泌水而产生的浮浆，提高面层的平整度、光洁度，以达到美观的效果。出现收面外观质量不合格的现象，一般就是等混凝土凝固后，用水磨机打磨一遍即可。而如果是有裂缝，则根据裂缝的大小采取相应的措施，最常用的做法就是向较大的裂纹内扫入干水泥粉，然后加水湿润；宽度小于0.2mm的细小裂纹可以不进行处理，但要延长浇水养护的时间。

31.墙面泛碱问题

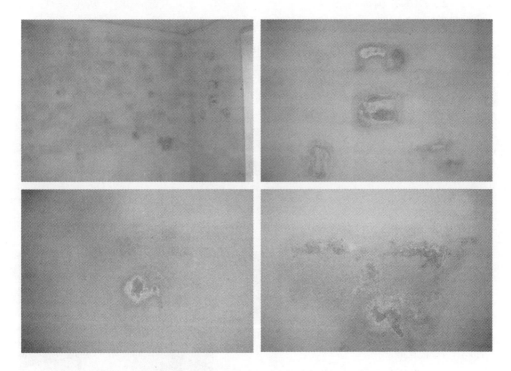

错误：混凝土表面泛碱。

原因及解决方案：混凝土中的主要成分是硅酸钙（弱酸强碱性盐），遇水后发生水化反应，形成游离钙、硅酸和氢氧根。混凝土的疏松多孔结构决定了混凝土有一定的含水率。当混凝土中的水足够多时，在毛细压作用下，水可以沿毛细孔上升达10cm左右，此时，混凝土中的盐分被水带出淤积于混凝土表面，同时混凝土中的氢氧化物等物质也会以水为载体溶出。到达混凝土表面后，随着水分蒸发，这些物质残留在混凝土表面，形成白色粉末状晶体，或者与空气中二氧化碳反应在混凝土表面结晶形成白色硬块，即形成泛碱现象。混凝土泛碱，有两个副作用。

（1）混凝土中钙离子的流失伴随着氢氧根的流失，造成混凝土碱性降低，当混凝土pH低于12的时候，混凝土中的钢筋开始锈蚀；pH越低，混凝土中钢筋锈蚀速度越快。

（2）发生泛碱的地方常常伴随着渗漏问题。

混凝土泛碱的治理：

（1）用干刷子用力刷除。

（2）用水和刷子清洗。

（3）用高压水枪或者轻微喷沙后再次用水清洗。

（4）对于不溶于水的泛碱物质，可以用稀释后的弱酸清洗，例如：5%~10%的盐酸溶液；10%的磷酸溶液；5%的磷酸和醋酸混合溶液；使用酸溶液进行清洗的时候一定注意避免破坏整面墙壁的外观，因为酸对混凝土有一定的腐蚀作用。

为防止泛碱现象再次发生，在将泛碱部位清洗干净后，应该在外墙使用潮气屏障，如密封剂、涂料、渗透性差的防水涂料等；在内墙使用防水汽同时具有单项可呼吸性的涂料。

32.混凝土表面发暗

错误： 浇筑完成的混凝土表面发暗，影响外观质量。

原因及解决方案： 发生混凝土表面变暗现象的原因主要有以下几个方面。

（1）混凝土浇筑前，模板使用了脱模剂，如废机油等。

（2）混凝土柱子刚施工完，在一两天的时间内便拆模，混凝土强度还没形成，混凝土柱子的颜色也偏暗，随着强度的上升，颜色会恢复正常，当然要做好混凝土的养护工作。

（3）混凝土配合比中添加剂如粉煤灰水泥或者矿渣水泥引起的。

（4）冬季施工的混凝土柱子，容易造成柱子颜色偏暗，随着气温的回暖，颜色会恢复正常。

33.混凝土反水

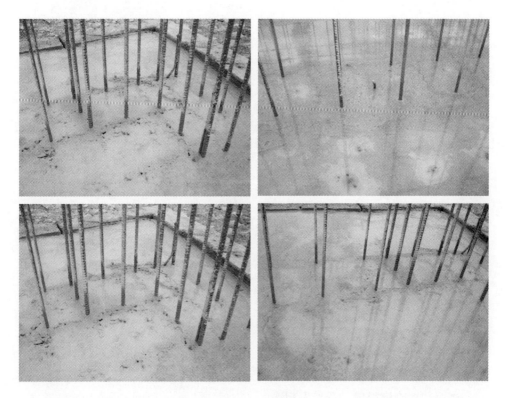

错误：浇筑完混凝土后出现严重反水现象。

原因及解决方案：原因可能有以下几点：原有基坑积水没有处理；混凝土配合比水太多；混凝土在运输、振捣、泵送的过程中出现粗骨料下沉，水分上浮现象（离析）。此外，混凝土在钢筋位置出现了裂缝，说明浇筑时暗柱位置工人未浇筑密实，也未进行二次振捣和收面。说到底是施工质量问题，内部管理失控、工人未按要求操作，监理失职。

出现这类问题，首先得检查混凝土质量是否符合设计要求，如果在规定范围之内，则可以将积水清理干净后，延长混凝土养护时间，并对裂缝进行后期处理。如果混凝土强度无法满足设计要求，则只能是拆除后重新浇筑。

34.剪力墙拆模后墙内是空的

错误： 拆除模板后，竟然发现墙内是空的。

原因：

（1）混凝土坍落度太小。

（2）晚上浇注混凝土，工人不是很认真，振捣相当差。

（3）检查设计钢筋间距是否太小，如果是可要求设计把钢筋改成双排布置或换高强度小直径钢筋。

（4）晚上值班的施工管理人员有可能偷懒未进行监督、检查，剪力墙上部有暗梁钢筋比较密，混凝土难以下料，在浇捣后不检查是否有的地方没有入料。

解决方案：

（1）立即停止梁板模板的拆除工作。

（2）提出处理方案，出现这样的质量事故，处理方案需经设计单位同意，并报经监理单位批准。

（3）上边有混凝土的地方先进行处理，因上边即使有混凝土，恐怕也只是石子了，所以必须处理。

（4）具体处理方案：停止拆模，并把剪力墙未有浇捣到混凝土的地方重新装回模板（这个部位的模板可以比原有剪力墙厚6~7cm，方便拆模后凿掉，而且不会因为凿混凝土使剪力墙的性能受到太大的影响）；提前三天浇水淋湿混凝土交接部位，在浇筑混凝土前用原混凝土所用同一牌子的水泥合浆刷在交接部位，并使用比原混凝土高一强度等级的加微膨胀剂的混凝土浇筑，浇筑完成后注意保养好。

35.框架柱拆模后的质量问题

错误： 从图片上反映的情况来看，已经不是一般的质量通病问题了，已经构成了质量缺陷或质量事故了。

原因及解决方案： 产生这种原因，通常是由于混凝土太干，混凝土流动性不足，振捣不到位，里面的混凝土不密实，导致出现空洞。

出现这种问题应该严肃整改，立即通知工程质量监督检测部门，对工程质量作出全面的技术鉴定。根据鉴定报告的结论，再编制具体的整改方案，需要设计单位复核计算的，还应该请设计单位出具相应的补充设计文件，经监理机构批准后，再进行具体的实施。通常情况下，出现这种问题，如果只是一两根柱子这样，趁着楼面还没有做，赶紧拆掉重新浇筑，避免损失进一步扩大。如是少于柱截面1/3的话，还可以打掉不密实部分，采取措施浇筑高一级混凝土补强。如果出现大面积的问题，就只能让设计院出补强或其他方案。

36.柱表面起砂，而且位置独立

错误：浇筑了一部分框架柱，拆模后发现有两根柱子表面有问题。柱高2m，一个表面根部以上的0.2m与其他三个立面完全相同，表面光滑、密实，而上部的1.8m，用手在表面搓动，明显起砂，而且表面麻面严重，远观与其他表面有显著差别。问题表面与其他表面的边缘整齐，基本可以肯定的是，问题表面由一块单独的模板覆盖。

关键是，在同一个立面上，上半部分有问题，下面部分没问题。

原因及解决方案：根据现场看，最有可能的是该处模板周转使用次数过多，模板表面已不光滑，而且脱模剂未涂抹到位。该工程柱子尺寸较小，其他三面没问题，仅一面有问题，应该就是模板的问题。从图片来看，支模材料估计用的是木胶板，木胶板的档次多，表面覆膜质量也良莠不齐，次的模板经常容易出现表面问题，另外周转用过的模板在下次用前也要清理干净刷隔离剂。

该问题应该是表面粗糙，不是起砂，主要就是观感的问题对结构及强度没有什么影响。可以采用抹浆的方式进行后期表面处理。

37.混凝土表面起皮

错误：刚浇完的混凝土楼板起皮。

原因及解决方案：混凝土表面起皮主要原因有以下几个方面。

（1）水灰比太大，混凝土坍落度过大，造成混凝土凝固后表面有水浸泡的痕迹而造成起皮。

（2）混凝土的骨料含泥量过大，造成混凝土的粘合力降低而起皮。

（3）混凝土养护过早，在混凝土还没有完全硬化时就浇水养护，造成混凝土起皮。

出现这种情况主要是看混凝土强度是否有问题，如混凝土强度达到规定要求，则只进行表面处理：将起皮部分清理干净，然后抹一层砂浆即可。如果混凝土强度有问题，那就得请设计单位出具解决方案，并报监理单位审核通过，再进行处理。

在实际施工中，防止起皮的方法主要通过"二次收浆"来实现，即初次抹面完成后，等表面泌水蒸发后，再进行第二次抹面。此时浮浆层水含量已经降低，通过抹面来压实浮浆层。此外还可以通过提高混凝土保水性来防止起皮，例如在混凝土内掺加高比表面积材料硅灰、超细矿粉、超细偏高岭土等矿物掺和料，或使用保水性好的聚羧酸减水剂，或使用低水胶比等。

另外在要求高耐磨性能的仓库、工业地面施工中，可以在混凝土初凝前，在混凝土表面撒一层硅灰，然后加压抹面，可以制成高强度、高耐磨混凝土表面。

38.悬挑板阳角出现龟裂

错误： 在板上部钢筋部分出现龟裂。

原因及解决方案： 悬挑板保护层不够，仅0.5cm，而且后期养护较差。产生这些现象的原因：在设计和施工中，由于对梁、板钢筋之间或梁板钢筋与预埋管线之间的排列考虑不周和布置不当，致使楼板上皮钢筋极容易被抬高至接近或甚至超出板面标高

位置。如按楼板的设计厚度施工，则造成楼板钢筋的混凝土保护层不足，致使在楼板表面出现沿板上皮钢筋走向的收缩裂缝。此外，在浇灌混凝土时标高控制不准确，混凝土坍落度过大，也是楼板产生超厚或混凝土保护层不足出现表面收缩裂缝的主要原因。

如楼板混凝土保护层不足而出现表面收缩裂缝，可在混凝土初凝前采用人工进行压抹，使之吻合。如在混凝土终凝后出现收缩裂缝，可采用灌浆方法灌严。如保护层不足，在不影响设计和使用情况下，再加抹一层水泥砂浆处理，以弥补保护层厚度的不足。

楼板面裂缝的防治措施：

（1）施工前，首先要综合审查施工图，查清钢筋和预埋管线的配置层次、直径、数量等与楼板设计厚度的关系，从设计方面消除造成楼板超厚的因素。

（2）施工中，严格按照钢筋、设备综合翻样图和合理的钢筋、管线的铺设顺序施工；浇灌楼板混凝土前，用水平仪分区测量出楼板浇筑面标高。

39.梁板下层下挠度过大

错误： 梁板下层下挠度很大。

原因及解决方案： 首先肯定不是设计问题，因为现状只有结构自重，设计所考虑的抹灰、使用荷载根本还没加上，不可能是由于荷载而导致结构产生这么大的挠度。如果是梁产生这么大的挠度，梁底就有非常明显的裂缝。所以可以得出结论就是模板没有支撑好，应该是支撑脚手架强度不足造成下沉，浇筑时模板产生变形。另外，还有可能是施工时支模未进行预先起拱；梁跨度大于或等于4m时，跨中按0.2L%起拱；悬臂端一律上翘0.4L%，其中L为净跨（挑出净长度），起拱高度不小于20mm。

从上两图来看，只是梁底部模板变形，问题应该不大，但是能否满足要求得让设计人员重新核算下。

40.屋面拆模后的质量问题

错误： 混凝土出现麻面甚至漏筋现象。

原因及解决方案： 根据现场调查发现，主要是因为模板质量差，且多次使用周转料，不合理使用脱模剂。施工下料振捣不当，混凝土浇入后振捣不实，振捣时间不够或漏振。底板钢筋局部缺少垫块，导致钢筋保护层不够。

对于麻面可以先用水洗刷干净后，用1：2或2：5水泥砂浆修补。对于漏筋部位，可以先将外露钢筋上的混凝土渣子和铁锈清理干净，然后用水冲洗湿润，用1：2或1：2.5水泥砂浆抹压平整。如果较深，则必须将该部位凿毛清理干净，充分湿润表面后浇筑高一等级的细石混凝土。

41.浇筑混凝土吊模时出现的问题

错误： 吊模施工出现漏浆及孔洞现象。

原因及解决方案： 模板拼缝不严密，导致混凝土浆流失，形成质量缺陷；振捣不密实或振捣不到位；基层施工缝未经接缝处理，清除表面杂物和松动的石子未充分湿润就浇筑混凝土。

避免的办法：

（1）混凝土浇筑前应将施工缝清理干净，并浇水充分湿润，将残留在混凝土表面的积水清除。

（2）浇筑前预先均匀铺设一层厚度约50mm的同配合比去石子混凝土砂浆。

（3）模板拼缝采用海绵条或者双面胶等封堵。

吊模施工相对而言具有一定的难度，施工的时候吊模的那一块侧板可以做到低于板面，振捣的时候要做二次振捣，混凝土坍落度一定要控制好。为了保险起见，振捣后可以用小锤轻敲侧板。

吊模，也叫挂模，一般用在翻高梁等有高低差的部位，跟其他模板施工最明显不同的地方是下口无支撑或采取特殊方式加以固定支撑，一般都是承受侧向荷载，保持其稳定性，能使混凝土构件水平度、垂直度达到要求即可。除此以外还有一种吊模是用来封堵卫生间等预留管道安装好后的预留洞的，这种是要承受竖向荷载的，一般采用模板下部支托，上部吊挂的形式。

42.现浇板完成后出现大面积裂缝

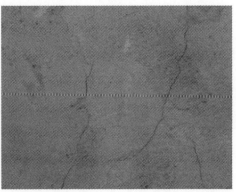

错误：现浇板出现大量裂缝。

原因及解决方案：板裂缝产生的原因很多，原因主要有以下几种情况：

（1）混凝土过量使用外加剂，或水灰比、坍落度过大。

（2）在混凝土浇捣前，没有将基层和模板浇水湿透，导致混凝土被过多吸收水分，浇捣过程中振捣不充分或者过度。个别钢筋保护层厚度控制不好，有过薄的现象。

（3）混凝土楼板浇筑完毕后，表面刮抹应限制到最低程度，防止在混凝土表面撒干水泥刮抹，并加强混凝土早期养护。楼板浇筑后，对板面应及时用材料覆盖、保温，认真养护，防止强风和烈日暴晒。

（4）楼板的弹性变形及支座处的负弯矩施工中在混凝土未达到规定强度，过早拆模，或者在混凝土未达到终凝时间就上荷载等。这些因素都可直接造成混凝土楼板的弹性变形，致使混凝土早期强度低或无强度时，承受弯、压、拉应力，导致楼板产生内伤或断裂。施工中不注意钢筋的保护，把板面负筋踩弯等，将会造成支座的负弯矩，导致板面出现裂缝。此外，大梁两侧的楼板不均匀沉降也会使支座产生负弯矩造成横向裂缝。

（5）混凝土的保湿养护对其强度增长和各类性能的提高十分重要，特别是早期的妥善养护可以避免表面脱水并大量减少混凝土初期伸缩裂缝的发生。但实际施工中，由于抢赶工期和浇水将影响弹线及施工人员作业，因此楼面混凝土往往缺乏较充分和较足够的浇水养护延续时间。

（6）过度的抹平压光使混凝土的细骨料过多浮到表面，形成水量很大的水泥浆层，水泥浆中的氢氧化钙与空气中二氧化碳接触引起表面体积碳水化收缩，导致混凝土板表面龟裂。

出现这种情况后，应根据板裂缝的宽度及形式的不同决定裂缝是否需要处理，可以参考下面几种方式进行：

（1）裂缝的缺陷处理。对结构构件承载力无影响的细小裂缝处理，可将裂缝处加以冲洗干净，待干燥后用1∶2或1∶1水泥砂浆抹补或用环氧浆液灌缝或用表面涂刷封闭。

（2）如果裂缝较大、较深时，应将裂缝附近的混凝土表面凿毛或沿裂缝方向凿深为15~20mm、宽为100~200mm的V形凹槽，扫净并洒水冲洗湿润，先刷一层水泥砂浆，然后用1∶（2~2.5）水泥砂浆分2~3层涂抹，总厚度控制在10~20mm，并压实抹光。

（3）对楼板出现裂缝面积较大影响混凝土结构性能时，必须会同设计等有关单位专家进行静载试验，检验其结构安全性，如符合安全需要，必要时可在楼板上做一层钢筋网片，重新浇筑。

（4）通长贯通的危险裂缝、裂缝宽度大于0.3mm时，会同设计单位检验其结构安全性，满足使用要求的可采用结构胶粘扁钢加固补强，板缝用灌缝胶高压灌胶。

（5）细石混凝土填补。当蜂窝比较严重或露筋较深时，应除掉附近不密实的混凝土和突出骨料颗粒，用清水洗刷干净并充分润湿后，再用比原强度等级高一级的细石混凝土填补并仔细捣实，水灰比宜控制在0.5以内，并掺入水泥用量0.01%的铝粉，分层捣实，以免新旧混凝土的接触面出现裂缝。

（6）灌浆法。这种方法应用范围广，从细微裂缝到大裂缝均可适用，处理效果好。利用压送设备（压力0.2~0.4MPa）将补缝浆注入混凝土裂缝，达到闭塞的目的，也可利用弹性补缝器将注缝胶注入裂缝。

43.混凝土沿钢筋处出现裂纹

错误： 现浇混凝土沿钢筋处出现较大的裂纹。

原因及解决方案： 要根本解决混凝土中裂缝问题，还是需要从混凝土裂缝的形成原因入手，在施工过程中，混凝土出现裂纹一般大体分为原材料和后期养护这两个方面的原因。

（1）原材料方面。

1）粗细集料含泥量过大，造成混凝土收缩增大。集料颗粒级配不良或采取不恰当的间断级配，容易造成混凝土收缩的增大，诱导裂缝的产生。

2）骨料粒径越细、针片含量越大，混凝土单方用灰量、用水量增多，收缩量就增大。

3）混凝土外加剂、掺和料选择不当或掺量不当，严重增加混凝土收缩。

4）水泥品种原因，矿渣硅酸盐水泥收缩比普通硅酸盐水泥收缩大。

5）水泥等级及混凝土强度等级原因：水泥等级越高、细度越细、早强越高，对混凝土开裂影响很大。混凝土设计强度等级越高，混凝土脆性越大、越易开裂。

6）碱-骨料反应，水泥中的碱和一些含硅骨料之间的化学反应，有时会导致非正常膨胀，产生大量网状裂纹。

（2）养护方面。

1）现场浇捣混凝土时，振捣或插入不当，漏振、过振或振捣棒抽撤过快，均会影响混凝土的密实性和均匀性，诱导裂缝的产生。

2）高空浇注混凝土，风速过大、烈日暴晒，混凝土收缩值大。

3）对大体积混凝土工程，缺少两次抹面，易产生表面收缩裂缝。

4）大体积混凝土浇筑，对水化计算不准，现场混凝土降温及保温工作不到位，引起混凝土内部温度过高或内外温差过大，混凝土产生温度裂缝。

5）现场养护措施不到位，混凝土早期脱水，引起收缩裂缝。

6）现场模板拆除不当，引起拆模裂缝或拆模过早。

7）现场预应力张拉不当(超张、偏心)，引起混凝土张拉裂缝。

现场检验该裂缝发展较深，应沿裂缝凿去薄弱部分，并用水冲洗干净，用1：2.5水泥砂浆抹补，并且加强后期养护。

44.现浇板通长裂缝

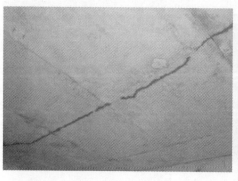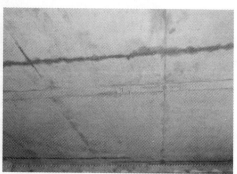

错误：现浇板出现垂直主筋方向的通长贯穿裂缝，雨后有严重渗水甚至滴水现象，肉眼可见裂缝。

原因及解决方案：有可能配筋不足，或配筋分布较疏；结构沉降不均匀（如果基础是支撑在岩层上，这种机会很少发生）；温度应力产生的裂缝；由于混凝土浇筑初期水化热而产生；拆模过早。从图片所反映的裂缝来看，裂缝出现在现浇板的跨中，而且是刚浇筑完，可以排除沉降和温度裂缝的影响，最大可能是由于拆模过早引起的。

经现场结构检测，对建筑结构无太大影响，因此采用环氧树脂和碳纤维加固处理方法。

45.混凝土楼板的裂缝问题

错误：混凝土楼板出现裂缝，导致漏水。

原因及解决方案：该楼层楼板裂缝成因。

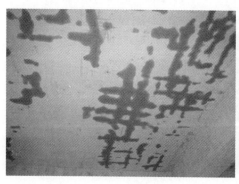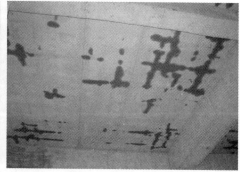

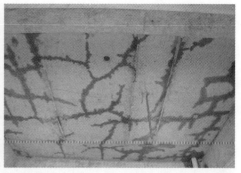

（1）使用商品混凝土，水灰比大。楼板混凝土设计C25，建设单位自行改为C30。

（2）施工组织混乱，施工技术水平差。

（3）混凝土浇筑后养护不利，水分迅速挥发，形成"塑性收缩裂缝"。

现场施工预防措施。

（1）入冬施工，混凝土中加入早强剂和防冻剂，强度上得快。

（2）加强养护，采用保温保湿措施。

（3）屋面板在设计中，考虑了温度应力，设计了温度筋，即采用钢筋网式配筋。

处理办法：经检验，裂缝不影响结构承载力安全。可以选择抹水泥砂浆或者涂抹环氧树脂对楼板进行二次处理。

（1）抹水泥砂浆：将裂缝附近的混凝土表面凿毛，并洒水湿润，先刷水泥浆一层，然后用水泥砂浆分4~5层涂抹，刚性防水层涂抹3~4小时后进行养护。

（2）表面涂抹环氧树脂：先对裂缝附近进行清理，然后再用毛刷或者刮板进行涂抹。

46.拆模过早导致混凝土质量不合格

错误：拆模过早导致混凝土质量不合格。

原因及解决方案：由于施工方管理不到位，造成混凝土拆模过早，7~8片剪力墙表面成蜂窝状，肉眼观测其中有两片剪力墙下部混凝土有明显下坠感，并有较宽（约3mm）、较长（约1m多，呈驼峰状）裂缝，凿开面层通过肉眼观测感觉内向发展，且两面均在相同位置有相同裂缝，即两面的裂缝基本连通了。

解决方案：首先用回弹仪检测混凝土强度，确定混凝土强度达到要求，而不是施工时没有振捣好，后期没有养护好等缘故。如果强度够了，那再测裂缝深度，贯通不贯通，宽度多少，裂缝有多少。如果与设计值相差不大的话，可以考虑用外包钢加固或外包碳纤维加固；如果与设计值相差较大，则只能是凿除后重新浇筑。

通过现场钻孔取芯检测，混凝土强度和密实度都没有问题，因此打算加固加强此两片剪力墙，两面附加双层钢筋网，在楼层转角处通过膨胀螺栓固定角钢来焊接附加钢筋网。

47.混凝土不初凝

错误： 现场浇筑的混凝土柱初凝时间过长。

原因及解决方案： 这是混凝土浇筑完三天后拆模板的情况，主要是商品混凝土添加剂的原因，为了减小混凝土坍落度损失过度调高了缓凝剂掺量，或者是搅拌站外加剂计量设备出现问题导致外加剂超掺。出现此类质量事故，如果早期混凝土不能很好地进行养护防止水分散失，混凝土会出现松散不黏结的现象，这对混凝土早期（28d）强度影响很大，但养护到半年甚至更长时间即可达到设计的强度。此外，还有一种极端情况是商品混凝土站把粉煤灰当水泥用了（就是说商品混凝土站气压泵出故障了），这种情况混凝土是不会凝固的。

事故的处理办法是将模板全部拆除，用水将钢筋冲洗干净，重新支模板，重新浇筑混凝土。同时整理现场资料，向混凝土公司索赔相关损失，并要求在项目大会上做检讨。

48.现浇板钢筋成品保护问题

错误： 对于已经绑扎好的钢筋网在浇筑混凝土时，没有设置必要的保护措施。

原因及解决方案： 混凝土浇筑过程中，未进行钢筋成品保护，没有专人看管、整理，质量管理体系形同虚设，埋下了严重的质量隐患。发生这种情况后，只能在后期花费大量的人力进行钢筋网的调整、清理，以恢复施工前的状况。

钢筋成品保护：在钢筋网下应设置垫块，并画出单独的施工通道，以木板或者其他材料铺面，防止因为重压或者施工人员的踩踏，导致钢筋网变形。

49.混凝土修补问题

错误：柱子存在蜂窝、孔洞，未经监理检查及确定处理措施，私自掩盖。

原因及解决方案：现场施工人员责任心不到位，为了掩盖质量缺陷，敷衍了事，形成严重的质量安全隐患。对于出现蜂窝、孔洞等质量问题，应该及时通报现场监理，并就质量的严重程度达成一致，出具双方都认可的处理方案并严格执行，做好质量修补记录。对于这种私自遮盖的行为，除了必要的处罚外，还应该对现场负责人进行有效的处理，避免后期再发生同样的质量事故。

第六章　预埋件施工

1.预埋管错误

错误：预埋管埋设错误，事后未采取合理补救措施，乱剔乱凿。

原因及解决方案：现场施工人员质量意识淡薄，未改预埋件位置，胡乱剔凿墙体，造成质量隐患。出现这种乱剔乱凿的问题，必须得用砂浆或者是混凝土进行修复，避免影响墙体结构安全。

若出现预埋件埋设错误的问题，则应该按照砖墙剔槽的规范做法进行重新埋设，并对原有沟槽用混凝土砂浆进行封堵、加固。

（1）暗配的导管，埋设深度与建筑物、构筑物表面的距离不应小于15mm。

（2）灰沙砖剔槽敷管应加以固定并用高一等级的水泥砂浆保护，保护层不得小于15mm。

（3）原则上只允许竖向剔槽，不允许剔横槽及剔断钢筋。同时剔槽的宽度和深度均应大于管外径5mm。

（4）剔槽打洞时，不要用力过猛，以免造成墙面周围破碎。洞口不易剔得过大、过宽，不要造成土建结构缺陷。

（5）砖墙上需人工剔凿或开槽时，应先向墙上喷水再进行开槽，避免扬尘。

（6）剔槽的渣子要自己带出来。

（7）剔槽必须使用电锤、电钻及切割机。

2.预制构件破损

错误： 施工现场的预制构件被破坏，造成不必要的损失。

原因及解决方案： 在调运过程中未保护好成品构件，导致混凝土构件破损。在现场施工中，预制构件的吊运应符合下列规定：

（1）应根据预制构件形状、尺寸、重量和作业半径等要求选择吊具和起重设备，所采用的吊具和起重设备及施工操作应符合国家现行有关标准及产品应用技术手册的有关规定。

（2）应采取措施保证起重设备的主钩位置、吊具及构件重心在竖直方向上重合。

（3）吊索与构件水平夹角不宜小于60°，不应小于45°。

（4）吊运过程应平稳，不应有偏斜和大幅度摆动。

（5）吊运过程中，应设专人指挥，操作人员应位于安全可靠位置，不应有人员随预制构件一同起吊。

（6）装配式结构的施工全过程应对预制构件设置可靠标识，并应采取防止预制构件破损或受到污染的措施。

3.板内预埋的线管不合理

错误： 板内预埋的线管布置不合理。

原因及解决方案： 这种问题在施工现场较为常见，主要是因为施工人员为了节约成本。按规范的做法应该有管线的布置图，在模板上进行放线，再由施工人员定位安放，这样成本会高不少。现在这样的安排存在很大的质量隐患，墙与板交接处本应进行加强处理，由于大量管线夹在板中，反而大大削弱了这部分的强度。大量集中的管线布置会造成混凝土大块空隙，不利于混凝土与钢筋形成合力，容易造成局部结构性开裂；更重要的是在受力较复杂的角部，必须进行调整。

出现这种情况，首先要查一下设计是否有问题，水电专业在进行管线设计时要考虑不能过于集中，设计院内专业会审时，结构专业应提出水电设计的问题，当管道较集中（有时必须这么走）对混凝土界面削弱过大时，结构专业应对被削弱的梁板柱结构进行加强设计。如果是设计的问题，则必须进行设计变更。

如果设计图纸没有问题，那肯定就是施工单位的责任，必须拆除后进行整改。

4.预埋管线固定在模板上

错误：楼板上的线盒、线管在楼板模板上固定，使得下层板筋的保护层缺失且无法添加。

原因及解决方案：现场水电与土建施工未进行有效地配合，导致出现质量问题。在实际施工中，预埋件位置的固定是一个非常重要的环节，预埋件所处的位置不同，其选用的有效固定方法也不同，大致可以参考以下几种形式进行。

（1）预埋件位于现浇混凝土上表面时，据预埋件尺寸和使用功能的不同，有如下几种固定方式。

1）平板型预埋件尺寸较小，可将预埋件直接绑扎在主筋上，但在浇筑混凝土过程中，需随时观察其位置情况，以便出现问题后及时解决。

2）角钢预埋件也可以直接绑扎在主筋上，为了防止预埋件下的混凝土振捣不密实，应在固定前先在预埋件上钻孔供混凝土施工时排气。

3）面积大的预埋件施工时，除用锚筋固定外，还要在其上部点焊适当规格角钢，以防止预埋件位移，必要时在锚板上钻孔排气。对于特大预埋件，须在锚板上钻振捣孔用来振实混凝土，但钻孔的位置及大小不能影响锚板的正常使用。

（2）当预埋件位于混凝土侧面时，可选用下列方法。

1）预埋件距混凝土表面浅且面积较小时，可利用螺栓紧固卡子使预埋件贴紧模板，成型后再拆除卡子。

2）预埋件面积不大时，可用普通铁钉或木螺丝将预先打孔的埋件固定在木模板上；当混凝土断面较小时，可将预埋件的锚筋接长，绑扎固定。

3）预埋件面积较大时，可在预埋件内侧焊接螺帽，用螺栓穿过锚板和模板与螺帽连接并固定。

（3）预埋件固定位置的要求是预埋件不得与主筋相碰，且应设置在主筋内侧；预埋件不应突出于混凝土表面，也不应大于构件的外形尺寸；预埋件位置偏差应符合相应规定。

5.钢板止水带的问题

错误：钢板止水带布置错误；止水钢板焊接没有搭接焊；止水钢板不应在转角处进行焊接。

原因及解决方案：对于止水带布置要求和形式不了解，导致出现预埋错误。按规范《地下工程防水技术规范》（GB50108—2008）中的规定，应采用别的形式中埋式止水板。应该拆除后，重新按照规范要求进行预埋和固定。

在钢板止水带施工中应注意止水带的规格、尺寸、形状符合规格设计要求。止水钢板加工，一般都是要求加工点统一切割，并按设计要求统一制作成形的。为便于操作，一般可切割成3m长的止水钢板。施工时应注意搭接，焊缝面应注意焊好，转角处应处理合理，一般在转角位置不焊接，把整块钢板折90°安装，如果非得设在转角部位，可以采用搭接焊接。安好的止水钢板应与墙体（或板）的钢筋固定牢固，钢板应顺直不得扭曲。

施工缝防水构造做法可以参照《地下工程防水技术规范》（GB50108—2008）中的规定进行，具体见下面四张图，当采用两种以上构造措施时，可进行有效组合。

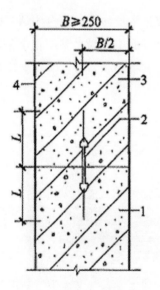

钢板止水带 $L \geqslant 150mm$ ；橡胶止水带 $L \geqslant 200mm$ ；钢边橡胶止水带 $L \geqslant 120mm$ ；

1—现浇混凝土；2—中埋止水带；
3—后浇混凝土；4—结构迎水面

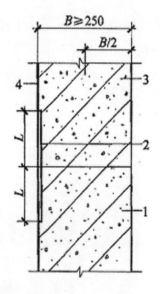

外贴止水带 $L \geqslant 150mm$ ；外涂防水涂料 $L = 200mm$ ；外抹防水砂浆 $L = 200mm$ ；

1—现浇混凝土；2—外贴止水带；
3—后浇混凝土；4—结构迎水面

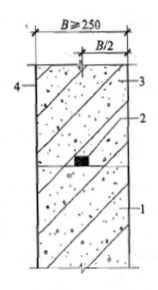
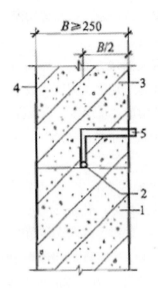

1—现浇混凝土；2—遇水膨胀止
水条；3—后浇混凝土；4—结构迎水面

1—现浇混凝土；2—预埋注浆
管；3—后浇混凝土；4—结构迎水面；
5—注浆导管

在实际施工中，水平施工缝一般以设置钢板止水带为多；也有用遇水膨胀止水条的，但效果不好，其主要原因是，混凝土表面不容易平整，止水条铺设在高低不平的混凝土表面，就有可能致使止水条底部悬空，直接影响止水效果。

6.止水钢板穿过柱子的问题

错误：当止水钢板穿过柱子时，部分水平箍筋必须截断，现场施工人员无法确认这些箍筋是否能够直接焊接在止水钢板上。

原因及解决方案：现场施工人员经验不足，对于意外情况的处理准备不够。在实际施工中，一般都是先装止水钢板，然后将箍筋焊在钢板上，并且在止水钢板两侧分别增加小复合箍，保证每根柱筋都有约束。

此外，还有一种方法：将止水钢板从柱外侧绕过，不从柱中心穿过，即在柱部位，将结构加厚。如此一来，柱箍筋可按原设计绑扎，这种方法也挺好，就是实施起来相对麻烦一些。

7.套管固定不合格

错误：封口用胶带。

原因及解决方案：胶带不能进入混凝土中，因此最好采用泡沫板塞口。严格来说，如果套管直径大于300mm，应该有加强措施。一般是4根直径φ12的钢筋交错成菱形将套管包住，钢筋伸出长度，从菱形的顶点开始算，不小于一个锚固长度。如果小于300mm，将套管挡住的钢筋做成弧形，从套管旁边通过。如果切断钢筋，应加设加强筋，加强筋的总截面面积不小于被截断钢筋的1/2。不过，在实际施工中，这种将套筒直接焊在箍筋上的做法比较普遍。从理论上讲，箍筋主要作用是抗剪，而焊缝如果操作合法的话，比箍筋抗剪强度更高。

第七章　防水工程

1.雨后到处都有漏水

错误： 渗漏水很严重，一场雨后屋面、外墙、窗子、沉降缝都渗漏。

原因及解决方案： 主要原因就是施工防水未做到位，局部细节质量不合格（窗台翻边未做）、门窗框与墙之间缝隙封闭不严。这种问题在南方的房建工程中经常遇见，尤其是在下大雨的时候，迎风面渗漏的情况经常发生。

对于这种问题，后期修补肯定是必需的，应安排熟练工人进行有针对性的处理，主要就是采用防水砂浆进行填补，后补的缝隙和孔洞要清理干净，洒水冲洗，内外分两次填补，砂浆要掺防水剂或膨胀剂。

因为分布比较广，而且都是小地方，对于这类问题的预防一般没有特别有针对性的方案，还是在做到具体部位的时候，要严把质量关，并派有经验的工人监督、检查。一般来说，窗边、板缝、墙体和楼板的接合处、空调眼、脚手架眼等都是重点需要预防渗漏的地方。

2.卫生间漏水

错误： 卫生间预留洞口边上钢筋未采取补强措施。

原因及解决方案： 现场钢筋工施工不规范，卫生间预留洞口边上钢筋未加密，对后期结构防水形成很大的隐患。一般来说，对于这类较大的预留口，板的钢筋应该锚固在梁中，并可在该部位增加4根附加钢筋以锚固板的钢筋。

3.大理石地面接缝出现水痕

错误： 施工完一段时间后，大理石地面出现大量的水印。

原因及解决方案： 地面大理石石材应当做六面防水防护，如果不做，或者处理不到位，就会产生这种情况。铺贴前，应做防水，使防水材料渗透到石材面层内部就不再吸水产生水渍印。发生这种情况后，首先要检查铺大理石前基层是否做防水，而且要确保防水的施工质量，如果防水没有问题，则水印会慢慢消失。如果防水未做，或者防水质量不合格，则水印很难消失，如果建设单位要求的话，只能返工重新铺石材。

此外，出现这种情况有时候也跟铺地面所用的水泥砂有关，因为现在铺地多用半干半湿的水泥砂，并在石材底部上用纯水泥膏铺贴，因半干半湿的水泥砂吸水性较强，浸泡后铺贴的石材中的水分就慢慢渗入水泥砂中了，这种情况下，水印也会慢慢消失。

4.屋面是防水还是"放水"

错误：混凝土基层未处理干净就做防水。

原因及解决方案：现场施工人员质量意识差，图省事，防水基层未清理干净就施工，导致屋面防水质量严重不合格。卷材屋面防水的施工可以参考下面做法进行。

（1）基层处理：检查找平层的质量及干燥程度并加以清扫，符合要求后涂刷基层处理剂，一次涂刷的面积不宜过大，确保涂刷面积大小能满足当天施工需要。涂刷完毕4小时后即可铺贴卷材。

（2）施工工艺流程：基层表面清理、修补—涂刷基层处理剂—节点处附加增强处理—定位、弹线、试铺—铺贴卷材—收头处理、节点密封—清理、检查、修整—保护层施工。

（3）施工顺序：防水层施工时，应先做好节点、附加层和屋面排水比较集中部位的处理，然后由屋面最低标高处向上施工。铺贴天沟、檐口卷材时，宜顺天沟、檐口方向以减少搭接。施工中按先高后低、先远后近的原则，先施工钢屋架坡屋面，后施工平屋面，并根据实际情况划分流水施工段，组织平行流水施工。

（4）搭接方法：铺贴卷材时采用搭接法，相邻两幅卷材的搭接缝应错开，钢屋架处坡屋面的搭接缝顺流水方向搭接，垂直于屋脊方向的接缝顺主导风向搭接。

（5）屋面特殊部位的铺贴要求。

1）檐口：将铺贴到檐口端头的卷材截齐后压入凹槽内，然后将凹槽用密封材料嵌填密实。用带垫片的钉子固定，钉子钉入凹槽内钉帽及卷材端头用密封材料封严。

2）天沟、檐口及落水口：天沟、檐口处卷材铺设前，应先对落水口进行密封处理，落水口周围直径500mm范围内用防水涂料涂刷封堵。落水口与基层接触处留设宽20mm、深20mm的凹槽嵌填密封材料；天沟、檐口铺贴卷材时从沟底开始顺天沟从落水口向分水岭方向铺贴，边铺边用刮板从沟底中心向两侧刮压，赶出气泡，使卷材铺贴平整，粘贴密实。

3）泛水与卷材收头：泛水部位卷材铺贴前，先进行试铺，将立面卷材长度留足，先铺贴平面卷材至转角处，然后从下向上铺贴立面卷材。铺贴完成后，将端头裁齐，用密封材料封严堵实。

4）阴阳角：阴阳角处的基层涂胶后用密封膏涂封距角处100mm，再铺一层卷材附加层，铺贴后剪缝处用密封膏封固。

5）屋顶孔洞及管道防水处理节点如下四图。

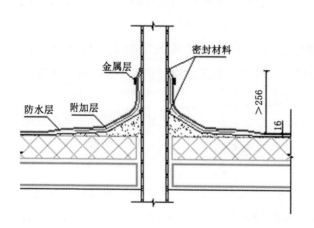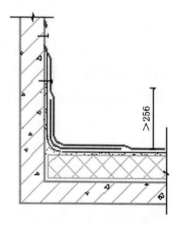

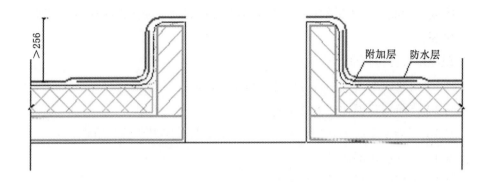

附加层　防水层

（6）保护层施工。防水层施工完毕，经检验合格后，采用水泥砂浆做保护层，保护层施工前，应根据结构情况每隔4~6m用20mm厚木模设置纵横分格缝。铺设水泥砂浆时，随铺随拍实，并用刮尺找平。

5.屋面渗水的原因分析

错误： 屋面混凝土拆模后，发现有很多细小裂缝，局部板底有渗水痕迹。

原因：

现经调查分析可能产生的原因如下。

（1）混凝土坍落度不符合设计规范要求及控制不到位。

（2）浇筑当日温差较大并未及时养护。

（3）混凝土振捣不到位，未进行二次复振及未使用平板振动器。

（4）模板浇水湿润过多。

（5）混凝土未采用三度抗渗要求。

（6）施工单位技术交底不到位。

预防措施。

（1）严格控制混凝土坍落度。

（2）密切关注气温情况，选择温差较小时间及时养护。

（3）混凝土进行复振，使用平板振动器。

（4）严查施工技术交底工作及管理人员旁站是否到位。

解决方案：可以选择抹水泥砂浆或者涂抹环氧树脂对屋面进行二次处理。

（1）抹水泥砂浆：将裂缝附近的混凝土表面凿毛，并洒水湿润，先刷水泥浆一层，然后用水泥砂浆分4~5层涂抹，刚性防水层涂抹3~4小时后进行养护。

（2）表面涂抹环氧树脂：先对裂缝附近进行清理，然后再用毛刷或者刮板进行涂抹。

6.卷材黏结不好

错误： 冷底子油涂刷不匀，影响卷材黏结。

原因及解决方案： 冷底子油涂刷不均匀的话，在粘防水卷材时，有的地方可能粘不到位，从而影响后期的防水效果。

冷底子油是用稀释剂（汽油、柴油、煤油、苯等）对沥青进行稀释的产物。它多在常温下用于防水工程的底层，故称冷底子油。冷底子油黏度小，具有良好的流动性。涂刷在混凝土、砂浆或木材等基面上，能很快渗入基层孔隙中，待溶剂挥发后，便与基面牢固结合。冷底子油形成的涂膜较薄，一般不单独作防水材料使用，只作某些防水材料的配套材料。施工时在基层上先涂刷一道冷底子油，再刷沥青防水涂料或铺油毡。

在铺设沥青卷材防水层或隔气层之前，为了使卷材与基层黏结牢固，应在基层涂刷冷底子油，即基层处理剂。在基层涂刷冷底子油的作用：

（1）封闭基层的毛细孔隙，沥青薄膜封闭基层使上面的水分渗不下去，成为防水的一道防线，同时又能阻隔下面的水汽渗透上来，从而减轻防水卷材的鼓泡缺陷。

（2）增加防水卷材与基层的附着力，也就是黏着力。冷底子油渗透到基层中，相当于"沥青钉"钉入基层，使沥青胶和基层黏结得更好、更牢固。

（3）调和基层与防水层的亲和性，因水泥砂浆的主要成分是硅酸钙，沥青的成分是沥青酯类，两者不够亲和，黏结不易牢固，在涂了冷底子油以后，可以使沥青胶与基层黏得更好，减少防水卷材的起鼓和脱壳。

（4）养护基层。屋面找平层施工是在多雨潮湿的季节和地区，又为赶工期，在水泥砂浆终凝后能上人操作时，随即喷涂缓挥发性冷底子油，封闭基层，使内部水分不易蒸发达到自行养护。待冷底子油干燥后，即可铺贴防水卷材了。

涂刷冷底子油前要掌握气象预报，不宜在有雨、雾、露的天气施工，基层必须干燥、干净方可喷涂冷底子油。施工时用毛刷对节点细部周围、拐角等处先涂刷，冷底子油的涂层要均匀，厚度为0.15~0.20mm，不得有漏涂、露底、麻点。第一层干燥后方可喷涂第二层。

7.防水附加层问题

错误： 附加层出现烧透、宽度不够等情况，影响屋面防水性能。

原因及解决方案： 现场施工人员施工不规范、偷工减料，导致屋面防水附

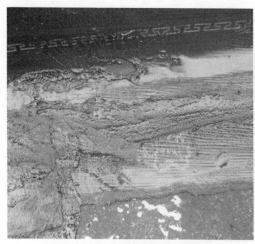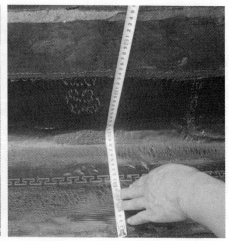

加层质量不合格，给后期防水带来质量隐患。如果防水附加层出现烧透情况，则必须重新热熔，或者清除后重新铺材料；在实际施工中，对于防水附加层的宽度，墙面一般控制在300mm，屋面控制在200mm。

屋面防水构造设计，因要考虑结构变形、温度变形、干缩变形、震动等影响因素，需对易变形的部位如变形缝、分格缝、屋脊、檐口、天沟、水落口、出入口等关键部位设附加增强层，以增强防水层局部抵抗破坏和老化的能力，使整个防水层同步老化。附加层用材料，可采用与防水层相同材料多做一层或几层，也可采用其他防水材料予以增强。

第八章　其他工程

1.现场周转料、原材料混堆

错误： 此图属于施工现场典型的周转料、原材料混堆。钢筋棚未正常搭建，而造成箍筋锈迹严重；进场钢筋的品名、型号未标识；机械使用未完全按照相关施工安全规范要求放置（背后有大量可燃材料）；现场消防灭火设备不足。

原因及解决方案： 施工现场安全文明措施未到位，现场管理人员安全意识不够。解决方法就是严格按照现场堆料码放的规定，制定详细的施工现场材料堆放管理措施，重新调整码放。

施工现场材料堆放、搬运、储存管理规定（参考）：进入施工现场后根据实际情况，绘制施工现场平面布置图、标明材料堆放地的地点，要求材料堆放整齐，搬运方便，贮存方法合理，不影响场内交通。将平面布置图悬挂在施工现场入口的明显处；进场材料按规定做好产品及状态标识后，按平面布置图所示位置堆放，其中合格、待验材料必须分开堆放；除砖、瓦、灰、砂、石外，其他材料严禁露天堆放。

2.楼层里散落着脚手板、钢管

错误：钢管、外架、帽脚、脚手板等随意散落在楼层里。

原因及解决方案：现场施工人员安全文明施工意识淡薄，各种施工用构件随意散放，不仅影响现场施工环境，而且形成安全隐患。对于一些临时设施，应该在施工完后，及时归拢、统一放置，现场施工场地应管理规范、标牌齐全、规格统一，场地必须保持整洁。建筑工程安全防护、文明施工主要包括以下内容。

（1）文明施工与环境保护。

1）安全警示标志牌：在易发伤亡事故（或危险）处设置明显的、符合国家标准要求的安全警示标志牌。

2）现场围挡：现场采用封闭围挡，高度不小于1.8m，围挡材料可采用彩色、定型钢板，砖、混凝土砌块等墙体。

3）牌图：在进门处悬挂工程概况、管理人员名单及监督电话、安全生产、文明施工、消防保卫五板；施工现场总平面图。

4）企业标志：现场出入的大门应设有本企业标识或企业标识。

5）场容场貌：道路畅通，排水沟、排水设施通畅，工地地面硬化处理，绿化。

6）材料堆放：材料、构件、料具等堆放时，悬挂有名称、品种、规格等标牌，水泥和其他易飞扬细颗粒建筑材料应密闭存放或采取覆盖等措施，易燃、易爆和有毒有害物品分类存放。

7）现场防火：消防器材配置合理，符合消防要求。

8）垃圾清运：施工现场应设置密闭式垃圾站，施工垃圾、生活垃圾应分类存放。

（2）临时设施。

1）现场办公生活设施：施工现场办公、生活区与作业区分开设置，保持安全距离，工地办公室、现场宿舍、食堂、厕所、饮水、休息场所符合卫生和安全要求。

2）施工现场临时用电：按照TN-S系统要求配备五芯电缆、四芯电缆和三芯电缆；按要求架设临时用电线路的电杆、横担、瓷夹、瓷瓶等，或电缆埋地的地沟；对靠近施工现场的外电线路，设置木质、塑料等绝缘体的防护设施；按三级配电要求，配备总配电箱、分配电箱、开关箱三类标准电箱。开关箱应符合一机、一箱、一闸、一漏。三类电箱中的各类电器应是合格品；按两级保护的要求，选取符合容量要求和质量合格的总配电箱和开关箱中的漏电保护器；施工现场保护零线的重复接地应不少于三处。

（3）安全施工。

1）楼板、屋面、阳台等临边防护：用密目式安全立网全封闭，作业层另加两边防护栏杆和18cm高的踢脚板。

2）通道口防护：设防护棚，防护棚应为不小于5cm厚的木板或两道相距50cm的竹笆。两侧应沿栏杆架用密目式安全网封闭。

3）预留洞口防护：用木板全封闭；短边超过1.5m长的洞口，除封闭外四周还应设有防护栏杆。

4）电梯井口防护：设置定型化、工具化、标准化的防护门；在电梯井内每隔两层（不大于10m）设置一道安全平网。

5）楼梯边防护：设1.2m高的定型化、工具化、标准化的防护栏杆，18cm高的踢脚板。

6）垂直方向交叉作业防护：设置防护隔离棚或其他设施。

7）高空作业防护：有悬挂安全带的悬索或其他设施；有操作平台；有上下的梯子或其他形式的通道。

3.两级配电箱线路混乱

错误：工地没有按规定使用"三相五线制"供配电系统，临时施工用电安全难以保证。

原因及解决方案：施工现场用电与一般工业或居民生活用电相比具有临时性、露天性、流动性和不可选择性的特点，有与一般工业用电或居民生活用电不同的规范。但是很多人在具体操作使用过程中，存在马虎、凑合、不按标准规范操作的现象。而且有相当多的施工人员对电的特性不了解，对电的危险性认识不足，没有安全用电的基本知识，不懂临时施工用电的规范，从而形成安全隐患。对于现场比较混乱的现状，应该立刻进行整改。采用总配电箱、分配电箱、开关三级控制，分级配电，在总配电箱和开关箱中分别装设漏电保护器，用电设备只能从开关箱中接线。

（1）施工现场临时用电的基本原则。

1）建筑施工现场的电工、电焊工属于特种作业工种，必须按国家有关规定经专门安全作业培训，取得特种作业操作资格证书，方可上岗作业。其他人员不得从事电气设备及电气线路的安装、维修和拆除。

2）建筑施工现场必须采用TN-S接零保护系统，即具有专用保护零线（PE线）、电源中性点直接接地的220/380V三相五线制系统。

3）建筑施工现场必须按"三级配电二级保护"设置。

4）施工现场的用电设备必须实行"一机、一闸、一漏、一箱"制，即每台用电设备必须有自己专用的开关箱，专用开关箱内必须设置独立的隔离开关和漏电保护器。

5）严禁在高压线下方搭设临建、堆放材料和进行施工作业；在高压线一侧作业时，必须保持至少6m的水平距离，达不到上述距离时，必须采取隔离防护措施。

6）在宿舍工棚、仓库、办公室内严禁使用电饭煲、电水壶、电炉、电热杯等较大功率电器。如需使用，应由项目部安排专业电工在指定地点，安装可使用较高功率电器的电气线路和控制器。严禁使用不符合安全的电炉、电热棒等。

7）严禁在宿舍内乱拉乱接电源，非专职电工不准乱接或更换熔丝，不准以其他金属丝代替熔丝（保险）丝。

8）严禁在电线上晾衣服和挂其他东西等。

9）搬运较长的金属物体，如钢筋、钢管等材料时，应注意不要碰触到电线。

10）在临近输电线路的建筑物上作业时，不能随便往下扔金属类杂物；更不能触摸、拉动电线或电线接触钢丝和电杆的拉线。

11）移动金属梯子和操作平台时，要观察高处输电线路与移动物体的距离，确认有足够的安全距离再进行作业。

12）在地面或楼面上运送材料时，不要踏在电线上；停放手推车，堆放钢模板、跳板、钢筋时不要压在电线上。

13）在移动有电源线的机械设备，如电焊机、水泵、小型木工机械等，必须先切断电源，不能带电搬动。

14）当发现电线坠地或设备漏电时，切不可随意跑动和触摸金属物体，并保持10m以上距离。

（2）电气线路的安全技术措施。

1）施工现场电气线路全部采用"三相五线制"（TN-S系统）专用保护接零（PE线）系统供电。

2）施工现场架空线采用绝缘铜线。

3）架空线设在专用电杆上，严禁架设在树木、脚手架上。

4）导线与地面保持足够的安全距离。导线与地面最小垂直距离：施工现场应不小于4m；机动车道应不小于6m；铁路轨道应不小于7.5m。

5）无法保证规定的电气安全距离，必须采取防护措施。如果由于在建工程位置限制而无法保证规定的电气安全距离，必须采取设置防护性遮栏、栅栏，悬挂警告标志牌等防护措施，发生高压线断线落地时，非检修人员要远离落地10m以外，以防跨步电压危害。

6）为了防止设备外壳带电发生触电事故，设备应采用保护接零，并安装漏电保护器等措施。作业人员要经常检查保护零线连接是否牢固可靠，漏电保护器是否有效。

7）在电箱等用电危险地方应挂设安全警示牌，如"有电危险""禁止合闸，有人工作"等。

（3）施工现场临时照明用电的安全技术措施。

1）临时照明线路必须使用绝缘导线，户内（工棚）临时线路的导线必须安装在离地2m以上支架上；户外临时线路必须安装在离地2.5m以上支架上，零星照明线不允许使用花线，一般应使用软电缆线。

2）建设工程的照明灯具宜采用拉线开关。拉线开关距地面高度为2~3m，与出、入口的水平距离为0.15~0.2m。

3）严禁在床头设立开关和插座。

4）电器、灯具的相线必须经过开关控制，不得将相线直接引入灯具，也不允许以电气插头代替开关来分合电路，室外灯具距地面不得低于3m，室内灯具不得低于2.4m。

5）使用手持照明灯具（行灯）应符合一定的要求。

①电源电压不超过36V。

②灯体与手柄应坚固，绝缘良好，并耐热防潮湿。

③灯头与灯体结合牢固。

④灯泡外部要有金属保护网。

⑤金属网、反光罩、悬吊挂钩应固定在灯具的绝缘部位上。

6）照明系统中每一单相回路上，灯具和插座数量不宜超过25个，并应装设熔断电流为15A以下的熔断保护器。

（4）配电箱与开关箱的安全技术措施。施工现场临时用电一般采用三级配电方式，即总配电箱（或配电室），下设分配电箱，再以下设开关箱，开关箱以下就是用电设备。配电箱和开关箱的使用安全要求如下。

1）配电箱、开关箱的箱体材料，一般应选用钢板，亦可选用绝缘板，但不宜选用木质材料。

2）电箱、开关箱应安装端正、牢固，不得倒置、歪斜。固定式配电箱、开关箱的下底与地面垂直距离应大于或等于1.3m，小于或等于1.5m；移动式分配电箱、开关箱的下底与地面的垂直距离应大于或等于0.6m，小于或等于1.5m。

3）进入开关箱的电源线，严禁用插销连接。

4）电箱之间的距离不宜太远。分配电箱与开关箱的距离不得超过30m。开关箱与固定式用电设备的水平距离不宜超过3m。

5）每台用电设备应有各自专用的开关箱。施工现场每台用电设备应有各自专用的开关箱，且必须满足"一机、一闸、一漏、一箱"的要求，严禁用同一个开关电器直接控制两台及两台以上用电设备（含插座）。开关箱中必须设漏电保护器，其额定漏电动作电流应不大于30mA，漏电动作时间应不大于0.1s。

6）所有配电箱门应配锁，不得在配电箱和开关箱内挂接或插接其他临时用电设备，开关箱内严禁放置杂物。

7）配电箱、开关箱的接线应由电工操作，非电工人员不得乱接。

（5）配电箱和开关箱的使用要求。

1）在停、送电时，配电箱、开关箱之间应遵守合理的操作顺序。

①送电操作顺序：总配电箱—分配电箱—开关箱。

②断电操作顺序：开关箱—分配电箱—总配电箱。

正常情况下，停电时首先分断自动开关，然后分断隔离开关；送电时先合隔离开关，后合自动开关。

2）使用配电箱、开关箱时，操作者应接受岗前培训，熟悉所使用设备的电气性能和掌握有关开关的正确操作方法。

3）及时检查、维修，更换熔断器的熔丝，必须用原规格的熔丝，严禁用铜线、铁线代替。

4）配电箱的工作环境应经常保持设置时的要求，不得在其周围堆放任何杂物，保持必要的操作空间和通道。

5）维修机器停电作业时，要与电源负责人联系停电，要悬挂警示标志，卸下保险丝，锁上开关箱。

4.脚手架搭设问题

错误：满堂脚手架搭设比较杂乱，没有秩序。

原因及解决方案：脚手架未设扫地杆，没有垫块，上端自由长度太大，要是大面积浇筑混凝土，非常危险；顶板模板的主龙骨有的竟然是圆木，而且交接都在同一地方。作为模版支撑的脚手架支设很不规范，在材料的选用方面极不规范，主次龙骨摆放不明确，支撑系统缺乏扫地杆，顶托高度太大（要求不能超过25cm）等，在浇筑混凝土时受到震动荷载作用时很容易出现整体倒塌。

在实际施工中，脚手架的搭设可以参考以下几个方面进行施工与控制。

（1）立杆垫板或底座底面标高宜高于自然地坪50~100mm。

（2）单、双排脚手架必须配合施工进度搭设，一次搭设高度不应超过相邻连墙件以上两步；如果超过相邻连墙件以上两步，又无法设置连墙件时，应采取撑拉固定等措施与建筑结构拉结。

（3）每搭完一步脚手架后，应校正步距、纵距、横距及立杆的垂直度。

（4）底座安放应符合下列规定。

1）底座、垫板均应准确地放在定位线上。

2）垫板应采用长度不少于2跨、厚度不小于50mm、宽度不小于200mm的木垫板。

（5）立杆搭设应符合下列规定。

1）相邻立杆的对接连接应符合下列规定。

①当立杆采用对接接长时，立杆的对接扣件应交错布置，两根相邻立杆的接头不应设置在同步内，同步内隔一根立杆的两个相隔接头在高度方向错开的距离不宜小于500mm；各接头中心至主节点的距离不宜大于步距的1/3。

②当立杆采用搭接接长时，搭接长度不应小于1m，并应采用不少于2个旋转扣件固定。端部扣件盖板的边缘至杆端距离不应小于100mm。

2）脚手架开始搭设立杆时，应每隔6跨设置一根抛撑，直至连墙件安装稳定后，方可根据情况拆除。

3）当架体搭设至有连墙件的主节点时，在搭设完该处的立杆、纵向水平杆、横向水平杆后，应立即设置连墙件。

（6）脚手架纵向水平杆的搭设应符合下列规定：

1）脚手架纵向水平杆应随立杆按步搭设，并应采用直角扣件与立杆固定。

2）纵向水平杆的搭设应符合下列规定。

①纵向水平杆应设置在立杆内侧，单根杆长度不应小于3跨。

②纵向水平杆接长应采用对接扣件连接或搭接，并应符合下列规定。

a.两根相邻纵向水平杆的接头不应设置在同步或同跨内；不同步或不同跨两个相邻接头在水平方向错开的距离不应小于500mm；各接头中心至最近主节点的距离不应大于纵距的1/3（见下面两图）。

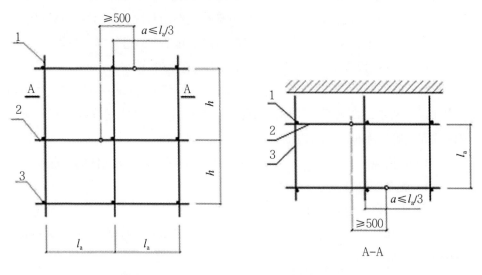

接头不在同步内（立面）　　　　　接头不在同跨内（平面）

1—立杆；2—纵向水平杆；3—横向水平杆

208

b.搭接长度不应小于1m，应等间距设置3个旋转扣件固定；端部扣件盖板边缘至搭接纵向水平杆杆端的距离不应小于100mm。

③当使用冲压钢脚手板、木脚手板、竹串片脚手板时，纵向水平杆应作为横向水平杆的支座，用直角扣件固定在立杆上；当使用竹笆脚手板时，纵向水平杆应采用直角扣件固定在横向水平杆上，并应等间距设置，间距不应大于400mm（见下图）。

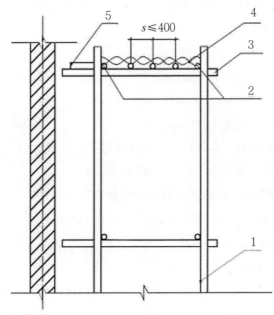

1—立杆；2—纵向水平杆；3—横向水平杆；4—竹笆脚手板；5—其他脚手板

3）在封闭型脚手架的同一步中，纵向水平杆应四周交圈设置，并应用直角扣件与内外角部立杆固定。

（7）脚手架横向水平杆搭设应符合下列规定。

1）搭设横向水平杆应符合下列规定。

①作业层上非主节点处的横向水平杆，宜根据支承脚手板的需要等间距设置，最大间距不应大于纵距的1/2。

②当使用冲压钢脚手板、木脚手板、竹串片脚手板时，双排脚手架的横向水平杆两端均应采用直角扣件固定在纵向水平杆上；单排脚手架的横向水平杆的一端应用直角扣件固定在纵向水平杆上，另一端应插入墙内，插入长度不应小于180mm。

③当使用竹笆脚手板时，双排脚手架的横向水平杆的两端，应用直角扣件固定在立杆上；单排脚手架的横向水平杆的一端，应用直角扣件固定在立杆上，另一端插入墙内，插入长度不应小于180mm。

2）双排脚手架横向水平杆的靠墙一端至墙装饰面的距离不应大于100mm。

3）单排脚手架的横向水平杆不应设置在下列部位。

①设计上不允许留脚手眼的部位。

②过梁上与过梁两端成60°的三角形范围内及过梁净跨度1/2的高度范围内。

③宽度小于1m的窗间墙。

④梁或梁垫下及其两侧各500mm的范围内。

⑤砖砌体的门窗洞口两侧200mm和转角处450mm的范围内，其他砌体的门窗洞口两侧300mm和转角处600mm的范围内。

⑥墙体厚度小于或等于180mm。

⑦独立或附墙砖柱，空斗砖墙、加气块墙等轻质墙体。

⑧砌筑砂浆强度等级小于或等于M2.5的砖墙。

（8）脚手架纵向、横向扫地杆搭设应符合下列规定。

1）脚手架必须设置纵、横向扫地杆。纵向扫地杆应采用直角扣件固定在距钢管底端不大于200mm处的立杆上。横向扫地杆应采用直角扣件固定在紧靠纵向扫地杆下方的立杆上。

2）脚手架立杆基础不在同一高度上时，必须将高处的纵向扫地杆向低处延长两跨与立杆固定，高低差不应大于1m。靠边坡上方的立杆轴线到边坡的距离不应小于500mm（见下图）。

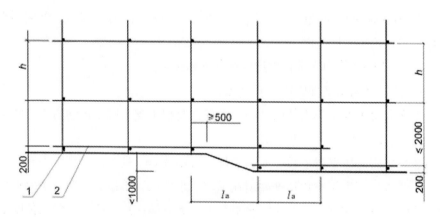

1—横向扫地杆；2—纵向扫地杆

（9）脚手架连墙件安装应符合下列规定。

1）连墙件的安装应随脚手架搭设同步进行，不得滞后安装。

2）当单、双排脚手架施工操作层高出相邻连墙件以上两步时，应采取确保脚手架稳定的临时拉结措施，直到上一层连墙件安装完毕后再根据情况拆除。

(10)脚手架剪刀撑与单、双排脚手架横向斜撑应随立杆、纵向和横向水平杆等同步搭设，不得滞后安装。

（11）扣件安装应符合下列规定。

1）扣件规格应与钢管外径相同。

2）在主节点处固定横向水平杆、纵向水平杆、剪刀撑、横向斜撑等用的直角扣件、旋转扣件的中心点的相互距离不应大于150mm。

3）对接扣件开口应朝上或朝内。

4）各杆件端头伸出扣件盖板边缘的长度不应小于100mm。

（12）作业层、斜道的栏杆和挡脚板的搭设应符合下列规定（见下图）。

1）栏杆和挡脚板均应搭设在外立杆的内侧。

2）上栏杆上皮高度应为1.2m。

3）挡脚板高度不应小于180mm。

4）中栏杆应居中设置。

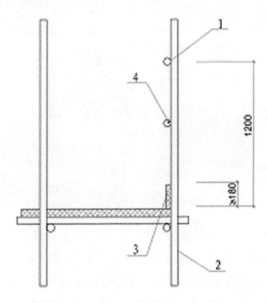

1—上栏杆；2—外立杆；3—挡脚板；4—中栏杆

5.墙面空鼓

错误：抹灰前基层处理不好造成腻子裂纹，墙面空鼓。

原因及解决方案：施工现场为了赶进度，冬天抹的灰，所以没有浇水，温度掌握得又不好，而且抹灰厚度偏厚，导致后期墙面大量出现空鼓问题。

由于出现空鼓的地方较多，应该进行大面积的铲除重新施工，别只是处理表面，一定要治本。铲除墙面后，重新刷界面剂，再抹灰找平墙面。单次找平时不要过于太厚，太厚容易出现开裂等。如果室内比较干燥，在弄完墙面时要稍微在墙面上撒些水，让墙面慢慢地干燥，若干燥太快还会出现开裂等情况。

原则上讲，冬季施工不利于工程质量，尤其是湿作业，应尽量避免。但现实中，由于为赶工期，有时候不得不在冬季进行施工，在温度低于5℃时，抹灰应加3%~5%的防冻剂，抹完灰后，应用草帘子加以覆盖保温。另外，诸如烧热水、炒砂子也是较为常用的冬施办法。

在实际施工中，室内抹灰施工可以参考以下步骤进行。

（1）基层清理。

1）砖砌体：应清除表面杂物，残留灰浆、舌头灰、尘土等。

2）混凝土基体：表面凿毛或在表面洒水润湿后涂刷1∶1水泥砂浆（加适量胶黏剂或界面剂）。

3）加气混凝土基体：应在湿润后边涂刷界面剂，边抹强度不大于M5的水泥混合砂浆。

（2）浇水湿润。一般在抹灰前一天，用软管或胶皮管或喷壶顺墙自上而下浇水湿润，每天宜浇两次。

（3）吊垂直、套方、找规矩、做灰饼。根据设计图纸要求的抹灰质量，根据基层表面平整垂直情况，用一面墙做基准，吊垂直、套方、找规矩，确定抹灰厚度，抹灰厚度不应小于7mm。当墙面凹度较大时应分层衬平，每层厚度不大于7~9mm。操作时应先抹上灰饼，再抹下灰饼。抹灰饼时应根据室内抹灰要求+确定灰饼的正确位置，再用靠尺板找好垂直与平整。灰饼宜用1∶3水泥砂浆抹成5cm见方形状。

房间面积较大时应先在地上弹出十字中心线，然后按基层面平整度弹出墙角线，随后在距墙阴角100mm处吊垂线并弹出铅垂线，再按地上弹出的墙角线往墙上翻引弹出阴角两面墙上的墙面抹灰层厚度控制线，以此做灰饼，然后根据灰饼充筋。

（4）抹水泥踢脚（或墙裙）。根据已抹好的灰饼充筋（此筋可以冲宽一些，8~10cm为宜，因此筋即为抹踢脚或墙裙的依据，同时也作为墙面抹灰的依据），底层抹1∶3水泥砂浆，抹好后用大杠刮平，木抹搓毛，常温第二天用1∶2.5水泥砂浆抹面层并压光，抹踢脚或墙裙厚度应符合设计要求，无设计要求时凸出墙面5~7mm为宜。凡凸出抹灰墙面的踢脚或墙裙上口必须保证光洁顺直，踢脚或墙面抹好将靠尺贴在大面与上口平，然后用小抹子将上口抹平压光，凸出墙面的棱角要做成钝角，不得出现毛茬和飞棱。

（5）做护角。墙、柱间的阳角应在墙、柱面抹灰前用1:2水泥砂浆做护角，其高度自地面以上2m，然后将墙、柱的阳角处浇水湿润。首先在阳角正面立上八字靠尺，靠尺突出阳角侧面，突出厚度与成活抹灰面平。然后在阳角侧面，依靠尺边抹水泥砂浆，并用铁抹子将其抹平，按护角宽度（不小于5cm）将多余的水泥砂浆铲除。待水泥砂浆稍干后，将八字靠尺移至抹好的护角面上（八字坡向外）。在阳角的正面，依靠尺边抹水泥砂浆，并用铁抹子将其抹平，按护角宽度将多余的水泥砂浆铲除。抹完后去掉八字靠尺，用素水泥浆涂刷护角尖角处，并用捋角器自上而下捋一遍，使其形成钝角。

（6）抹水泥窗台。先将窗台基层清理干净，松动的砖要重新补砌好。砖缝划深，用水润透，然后用1:2:3豆石混凝土铺实，厚度宜大于2.5cm，次日刷胶黏性素水泥一遍，随后抹1:2.5水泥砂浆面层，待表面达到初凝后，浇水养护2~3天，窗台板下口抹灰要平直，没有毛刺。

（7）墙面充筋。当灰饼砂浆达到七八成干时，即可用与抹灰层相同砂浆充筋，充筋根数应根据房间的宽度和高度确定，一般标筋宽度为5cm，两筋间距不大于1.5m。当墙面高度小于3.5m时宜做立筋，大于3.5m时宜做横筋，做横向冲筋时做灰饼的间距不宜大于2m。

（8）抹底灰。一般情况下充筋完成2小时左右开始抹底灰，抹前应先抹一层薄灰，要求将基体抹严，抹时用力压实使砂浆挤入细小缝隙内，接着分层装挡、抹至与充筋平，用木杠刮找平整，用木抹子搓毛。然后全面检查底子灰是否平整，阴阳角是否方直、整洁，管道后与阴角交接处、墙顶板交接处是否光滑平整、顺直，并用托线板检查墙面垂直与平整情况。散热器后边的墙面抹灰，应在散热器安装前进行，抹灰面接槎应平顺，地面踢脚板或墙裙、管道背后应及时清理干净，做到活完底清。

（9）修抹预留孔洞、配电箱、槽、盒。当底灰抹平后，要随即由专人把预留孔洞、配电箱、槽、盒周边5cm宽的石灰砂刮掉，并清除干净，用大毛刷沾水沿周边刷水湿润，然后用1:1:4水泥混合砂浆，把洞口、箱、槽、盒周边压抹平整、光滑。

（10）抹罩面灰。应在底灰六七成干时开始抹罩面灰（抹时如底灰过干应浇水湿润），罩面灰两遍成活，厚度约2mm，操作时最好两人同时配合进行，

214

一人先刮一遍薄灰，另一人随即抹平。依先上后下的顺序进行，然后赶实压光，压时要掌握火候，既不要出现水纹，也不可压活，压好后随即用毛刷蘸水将罩面灰污染处清理干净。施工时整面墙不宜甩破活，如遇有预留施工洞时，可甩下整面墙待后续再施工为宜。

6.抹灰后出现泥点、孔洞

错误： 沙子含泥过多，抹灰墙面出面很多泥点、孔洞。

原因及解决方案： 现场施工人员责任心不到位，抹灰原材料质量未控制好，导致抹灰质量出现问题。出现这种问题，最有效的处理办法就是铲除后，重新施工，其他一些做法都是治标不治本，对于后期墙面施工还是会形成质量隐患。

对于抹灰用的材料质量检验应按照以下标准进行。

（1）水泥。使用前或出厂日期超过三个月必须复验，合格后方可使用。不同品种、不同强度等级的水泥不得混合使用。

（2）砂：要求颗粒坚硬，不含有机有害物质，含泥量不大于3%。

（3）石灰膏：使用时不得含有未熟化颗粒及其他杂质，质地洁白、细腻。

（4）纸筋：要求品质洁净，细腻。

（5）麻刀：要求纤维柔韧干燥，不含杂质。

7.瓷砖拱起

错误： 地面砖大面积起拱。

原因及解决方案： 出现这种情况一般主要有以下几个原因。

（1）结合层厚度不够或结合层砂浆强度等级不够。

（2）地砖铺设时应按地砖的铺设要求留一定的伸缩缝。

（3）基层处理不好，结合层没有抓牢地面。

发现瓷砖拱起后，应先检查一下，是个别瓷砖起拱还是大面积起拱。具体可以用手敲击瓷砖，声音发空的瓷砖就是已经空鼓了，也就是瓷砖已跟水泥层分离了。这样的瓷砖如勉强压下去，很容易破裂，必须把拱起的瓷砖撬起来，重新铺。如果空鼓的瓷砖数量多，那就干脆全部重新铺了。

重新铺瓷砖可以参考下面步骤进行。

（1）把拱起的瓷砖与其他瓷砖之间的接缝用切割机锯开（切割时会有很大的粉尘，需要不停地往切割机里加水），小心地把瓷砖掀起，动作一定要轻，否则容易造成瓷砖破裂。

（2）把粘在瓷砖边上的水泥砂浆全部刮掉。处理砖下的水泥层，刨掉1~2cm，清理干净。

（3）均匀涂上一层混合水泥砂浆。水泥黄沙比例为：墙砖：1：3，地砖：1：（2~3）。此外，如果使用的是白水泥，一定要采用108胶，这样可以使水泥与地砖之间紧密黏合。

（4）把清理好的瓷砖重新铺好、压平，等水泥彻底干透后再使用填缝机加固，从而避免地砖上翘、开裂的现象。

8.墙砖脱落

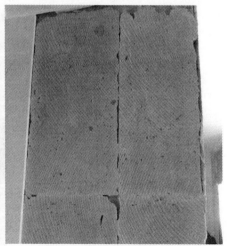

错误：卫生间内的墙砖与粘贴的砂浆分离，但是砂浆却与基层连接很牢固，砂浆强度也很高。另外，经现场试验，墙砖不吸水。

原因及解决方案：墙砖脱落可能有两种原因：

（1）黏结墙砖的基层面没处理好。

（2）砂浆可能有问题。

第一点从图片反映的情况来看，基本上可以排除，那问题就很有可能出现在砂浆上了。对于室内装修而言，砂浆其实只需要黏结性好就行了，对于强度反而要求没有那么高，强度再高，如果黏结性不好，也是没用的，结果肯定是脱落了。贴墙砖的水泥砂浆通常采用的配合比都是1∶3。

9.窗户的尺寸偏差过多

错误：窗户的尺寸偏差太大，形成质量隐患。

原因及解决方案：未严格按照设计图纸施工，导致尺寸偏差过大。一般来说，如果缝隙大的话，建议打一遍发泡胶，等它完全干后，再打一层密封胶，窗户里外都得打一遍。否则就得重新订窗户尺寸，那样的话，损失就大了。